XINSHIDAI SHENGTAI WENMING JIANSHE
SIXIANG GAILUN

新时代生态文明建设思想概论

黄承梁◎著

人民出版社

序一

在超越资本逻辑的进程中走向生态文明新时代

王伟光*

自然历史进程中的生态文明。人类社会的发展是一个自然历史过程，是人们遵从自然规律、顺应自然发展的必然结果。在此过程中，尽管人类社会发展呈现出了如马克思所说的，从必然王国向自由王国发展的特点，但无疑的，人类社会这个不断从低级向高级的发展，从野蛮向文明的发展，是在总体上顺应自然规律的前提下获得的。

回顾历史，我们把封建社会的农业文明称作“黄色文明”，资本主义社会的工业文明称作“黑色文明”，而我们目前正在建设的社会主义生态文明被称作“绿色文明”。农业文明在发展过程中，较为重视天时、气象、

---

* 作者系十八届中央委员，十三届全国政协常委、民族和宗教委员会主任。为本书作序时，系中国社会科学院院长、党组书记，中国社会科学院大学校长。

水文等条件对人类可持续发展的影响，保持人与自然的相对和谐。《中庸》说："万物并育而不相害，道并行而不相悖。"庄子认为："天地与我并生，而万物与我为一。"这些思想都体现了中国古代朴素唯物主义世界观对自然与人类社会关系的探讨和思索，并在漫长的中国古代社会发展历程中得到实践和升华，最终形成了"天人合一"的生态观。但我们都知道，不论是在古代的中国还是在古代的西方，没有物质文化的高度繁荣，没有科学技术的高度发展，"黄色文明"对自然和生态的破坏都比较有限，而反过来，生态文明的概念和理念在"黄色文明"的历史语境下，也就无从得以建立。

只有到了资本主义社会，当资本主义跨越工场手工业时期、商业和航运时期的发展阶段，大工业的生产一方面造成了世界历史的形成，另一方面却进一步加剧了资本的集中，带来竞争的普遍化和世界性，资本主义对人类环境的破坏超越本国本地的局限，开始向世界范围内蔓延时，生态文明才开始真正进入人类的发展视域，并在资本主义进入垄断资本主义阶段后被人们所关注。这也就是为什么两百年中，"雾都"的头衔一直高悬伦敦，直到 20 世纪 50 年代，化学光雾还不时光临；澳大利亚在 20 世纪 40 年代，屡屡受到沙尘暴的侵袭；美国在 20 世纪 50 年代，仍频繁爆发光化学污染事件……

资本主义与历史上其他社会制度一样，其产生、发展和灭亡的过程，是客观的不以人的意志为转移的自然历史过程。但资本主义自其一产生，就显示出它不同于过去一切时代的特点，那就是马克思、恩格斯在《共产党宣言》中所揭示的："资产阶级在它的不到一百年的阶级统治中所创造的生产力，比过去一切世代创造的全部生产力还要多，还要大。"与之相应，资本主义的发展，给人类所带来的生态环境破坏和生态文明问题，也比过去一切时代所带来的还要多，还要大。马克思说："资本来到世间，从头到脚，每个毛孔都滴着血和肮脏的东西。"由此看来，随着历史的发展，资本主义制度从根本上来说离开了人类社会自然历史进程，将人类社会的发展置于了一个极其可怕和危险的境地，如果不加以重视并解决，人类社会的前途将不是继续自然历史的进程，而是在人与自然的双重矛盾和冲突中，终止人类文明的进程，最终毁灭人类文明。

超越资本主义的社会主义生态文明。人类真正面临的生态危机，是在进入资本主义社会的历史发展阶段后才开始出现的。在《生态危机与资本主义》一书中，生态马克思主义者福斯特就曾指出，当今威胁地球上所有生命的生态问题是资本获利的逻辑造成的。资本唯利是图的本性、资本主义生产无限扩大的趋势和整个社会生产的无政府状态，除了必然导致资本主义危机的周期性爆发外，也给自然环境和生态系统带来了巨大的消耗和破坏。当前国际垄断资本主义的发展和扩张，一方面给本国人民带来了短暂的社会福利，另一方面却在更大程度、更深层次上给发展中国家和世界人民带来了毁灭性的生态灾难。

尽管从19世纪起，在资本主义国家内部，就有学者，如恩斯特·海克尔，在1866年就提出了"生态"的概念，但真正将生态问题置于人类发展的大视野中，引起全球关注，还是20世纪70年代以后的事情。就资本主义国家的环境改善而言，正如有学者所指出的，欧美少数发达国家生态文明程度较高，并不是资本主义造成的，反而是对资本主义的反生态性进行限制（环境立法、环境行政监管、大众环境意识的觉醒和行动）和转嫁（近代以来的生态帝国主义将生态破坏转移到他国）造成的。而要真正克服资本主义固有的矛盾和危机，让人类文明走向生态文明的新时代，就必须超越资本主义制度，建立社会主义的生态文明观，并在这一生态文明观指导下，进行社会制度变革，建立和发展社会主义生态文明。有关这一点，在马克思主义经典作家那里，早已有了非常清晰和明确的论断。恩格斯说："人们就越是不仅再次地感觉到，而且也认识到自身和自然界的一体性，而那种关于精神和物质、人类和自然、灵魂和肉体之间的对立的荒谬的、反自然的观点，也就越不可能成立了"。"但是要实行这种调节，仅仅有认识还是不够的。为此需要对我们的直到目前为止的生产方式，以及同这种生产方式一起对我们的现今的整个社会制度实行完全的变革。”

恩格斯在这里所说的对整个社会制度实行完全的变革，就是要变革资本主义，进行无产阶级革命，最终建立共产主义。实现生态文明，必须超越当前资本主义主导的经济、政治、社会和文化形态，形成人类社会新的生产和生活方式、新的价值观；实现生态文明，还要积极吸收20世纪70年代以来在资本主义国家内部兴起的绿色社会运动的成果和经验，总结出带有普遍意义的生态文明观和实施措施。

社会主义生态文明对资本主义的超越，是建立在马克思主义完整、科学地把握人类社会整体历史进程的基础上的，是内在地、逻辑地统一于社会主义的本质之中的。社会主义生态文明对资本主义的超越，源自于社会主义经济、政治建设与生态文明建设的内在一致性，源自于社会主义能最大限度地遵循人和自然、社会之间的和谐发展规律。正如马克思所说：“这种共产主义，作为完成了的自然主义，等于人道主义，而作为完成了的人道主义，等于自然主义，它是人和自然界之间、人和人之间的矛盾的真正解决，是存在和本质、对象化和自我确证、自由和必然、个体和类之间的斗争的真正解决。”

社会主义生态文明代表了人类文明发展的新形态。

社会主义的本质使社会主义具有超越资本主义的力量。在社会主义社会中，代表人民掌权的党和政府，不是任何一个利益集团的代表，而是代表了全体人民的根本利益。社会主义超越了具体利益、眼前利益和局部利益，站在人类文明发展的长远角度和高度，将团结、引导和带领最广大的人民群众，共赴人类社会的美好前程。

构建中国特色的社会主义生态文明。中华民族自古以来重视人和自然的和谐共存，形成了比较丰富的生态文明思想和观念，并在推动中国社会长期、永续发展的过程中发挥了重要的作用。

改革开放以来，随着经济社会的发展，在资源约束趋紧、环境污染严重、生态系统退化的严峻形势下，党和国家站在实现中华民族永续发展的高度，提出了建设社会主义生态文明的重大战略决策。党的十七大首次提出“建设生态文明”，十八大把生态文明建设纳入中国特色社会主义事业“五位一体”总体布局，十九大则提出建设生态文明是中华民族永续发展的千年大计，要求建设富强民主文明和谐美丽的社会主义现代化强国。这标志着我们对中国特色社会主义规律认识的进一步深化，表明了我们加强生态文明建设的坚定意志和坚强决心。

从单纯的“建设生态文明”到“社会主义生态文明”再到“社会主义生态文明新时代”，绝不是简单增加字句层面的修饰，而是中国特色社会主义道路自信、理论自信、制度自信和文化自信的重要表现，代表了一种创新的马克思主义的生态观和发展观，凝聚了全体中国人民的共识、意愿和梦想。

习近平同志多次强调，生态环境保护是功在当代、利在千秋的事业。要清醒认识保护生态环境、治理环境污染的紧迫性和艰巨性，清醒认识加强生态文明建设的重要性和必要性，以对人民群众、对子孙后代高度负责的态度和责任，真正下决心把环境污染治理好、把生态环境建设好，努力走向社会主义生态文明新时代。我们要按照习近平同志的要求，不仅建设一个富强的中国，更要建设一个美丽的中国；不仅建设一个物性的中国，更要建设一个诗化的“自然大美”和“人文至美”彼此交融的中国。

建设中国特色的社会主义生态文明，努力建设美丽中国，是一项艰苦卓绝的伟大事业，需要全体中国人民的共同奋斗。哲学社会科学工作者作为社会主义现代化建设的重要力量，要将自己的研究和美丽中国的建设紧紧联系在一起，在人民群众的火热实践中，在实现中华民族伟大复兴的征程中，发挥出自身独特的作用。为此，我们要努力做到以下三点。

第一，要将社会主义生态文明作为一项重大学术课题来研究。建设生态文明，是关系人民福祉、关乎民族未来的长远大计。广大哲学社会科学工作者要站在国家和民族发展的高度，站在历史和时代的制高点，在理论和实践的双重逻辑中，给予社会主义生态文明以科学、合理的学术论证，以丰富和发展社会主义生态文明建设的思想体系、学术逻辑和实践路径，在参与社会主义生态文明建设的伟大进程中，发挥出哲学社会科学工作者应有的作用和风采。

第二，要发挥哲学社会科学学科集群的优势，发扬跨学科研究的特点，对社会主义生态文明展开全方位、多角度、长时段的研究，形成一批立足当下、面向未来、经得起实践检验的重大学术成果。社会主义生态文明建设是一项系统工程，与社会主义经济建设、政治建设、文化建设和社会建设紧密联系在一起。哲学社会科学工作者只有紧紧团结在一起，发挥多学科研究的优势，才能真正将社会主义生态文明建设置于世界历史的进程中进行考察，并进而得出有说服力的、有益于生态文明建设的优秀学术成果。

第三，要将对社会主义生态文明的研究和对中国梦的研究紧紧联系在一起，将社会主义生态文明建设置于实现中国梦的伟大历程中进行考察。中国梦是适合历史发展必然逻辑的共产主义远大理想与适合中国现实国情的中国特色社会主义共同理想的高度结合，是中国共产党最高纲领和最低纲领的高度结合，也是马克思主义与中国国情的高度结合。实现中国梦，必须走中国特色社会主义生态文明建设之路；建设社会主义生态文明和美丽中国，是实现中国梦的应有之义。广大哲学社会科学工作者要怀抱实现中国梦的伟大理想，饱含对祖国、对人民的热爱和忠诚，将社会主义生态文明理论研究好和丰富好。

历史已经证明，建立在资本基础上的资本主义不会给人类带来永续、持久的生态文明；历史将继续证明，只有建立超越资本主义制度的社会主义生态文明，才能实现持久的发展。让我们在道路自信、理论自信、制度自信和文化自信的基础上，用我们的学术自信，为构建中国特色社会主义生态文明、为中国梦的实现、为人类文明的永续发展，贡献我们哲学社会科学工作者应有的智慧和力量。

应中国社会科学院城市发展与环境研究所所长、中国社会科学院生态文明研究智库常务副理事长潘家华同志和《新时代生态文明建设思想概论》一书作者、中国社会科学院生态文明研究智库理论部主任黄承梁同志要求，在《新时代生态文明建设思想概论》即将出版之际，兹以《在超越资本逻辑的进程中走向生态文明新时代》为序。

序二

工业文明向生态文明转型的价值遵循

潘家华*

凝聚东方哲学智慧和历史底蕴的生态文明，是中国对世界文明发展、人类命运共同体建设的历史性贡献。从现在开始到本世纪中叶，是中国跨越两个百年、实现中华民族伟大复兴中国梦的战略机遇期。与此同时，西方主要发达国家也在历史地、积极地审视工业文明自身固有的顽疾。《巴黎协定》和《联合国2030可持续发展议程》，启动了全球层面用生态文明理念改造和提升工业文明的进程。中国加速推进这一进程，致力于在2030年初步实现生态文明的社会转型，到2050年正式迈入生态文明新时代，将是对全球范式转型的巨大贡献和有效引领。

不断推进实践基础上的理论创新，用发展着的马克

---

* 作者系中国社会科学院生态文明研究智库常务副理事长、中国社会科学院城市发展与环境研究所所长。

思主义理论指导新的伟大实践，是我们党的鲜明特征和根本优势，也是我们党高度理论自信的体现。习近平同志在哲学社会科学工作座谈会上的讲话中指出："当代中国正经历着我国历史上最为广泛而深刻的社会变革，也正进行着人类历史上最为宏大而独特的实践创新。这种前无古人的伟大实践，必将给理论创造、学术繁荣提供强大动力和广阔空间。这是一个需要理论而且一定能够产生理论的时代，这是一个需要思想而且一定能够产生思想的时代。"[①]党的十八大以来，以习近平同志为核心的党中央在"五位一体"社会主义建设事业的伟大实践中所提出的一系列生态文明建设的新思想新理念新战略，形成了包括自然价值、自然生产力、环境福祉、生态底线、生命共同体和人类命运共同体等理论创新要素的科学完整的生态文明理论体系，成为具有鲜明中国特色而又具有普遍意义、引领世界转型发展新的生态文明建设伦理学、理论经济学、产业发展理论，为实现工业文明向生态文明转型提供了根本价值遵循。

一、生态文明的伦理价值观和发展目标

工业文明是基于功利主义的伦理价值观，强调人

① 习近平：《在哲学社会科学工作座谈会上的讲话》（2016 年 5 月 17 日），《人民日报》2016 年 5 月 19 日。

类的效用为大，效用即价值，效用即福祉，效用带来进步。同时，以当代人效用为先，而忽视子孙后代和人类社会的未来。在人与自然的价值关系认识中，人类被认为是主体，自然是客体，“价值”都是指“对于人的意义”，人类可以为满足自己的任何需要而毁坏或灭绝任何自然存在物。基于这样一种伦理价值观，人类的劳动被认为是价值的来源。工业文明下的经济理性使劳动者失去人性变成机器，人与人之间的关系变成金钱关系，人与自然的关系变成工具关系，“物竞天择，适者生存”成为弱肉强食的工业文明下人与人之间的关系准则，“人定胜天”的“人类中心主义”观念成为征服自然、无往不利的价值铁律。工业文明发展范式下的目标是核算单元的利润、财富积累的最大化，而不考虑核算单元对他人、对社会的成本或收益。工业文明的价值体系下认为环境容量可以随着技术创新而不断化解，因而环境与自然资源不构成刚性约束，无须考虑。

生态文明的伦理认知是尊重自然、顺应自然，寻求人与自然的和谐。它继承了中华文明天人合一、与天地参、道法自然的古老和传统东方生态智慧，强调人与自然一体。自然的价值得到认同并尊重。生态公正和社会公正是生态文明的价值基础，即对人的权利的尊重和对自然资源收益的公正分享。党的十八大以来，习近平同志一系列关于生态文明建设的重要讲话、专门论述和重要批示，强化了我们对生态文明有别于工业文明的伦理认知。例如“绿水青山就是金山银山”科学论断指出人类文明发展的导向是“人与自然的和谐，经济与社会的和谐”，阐释了全面深化改革过程中发展经济与保护生态环境二者之间的辩证关系；同时，他还强调坚持生态系统基础性地位的“生态优先”原则，与经济优先原则相对，为协调经济、社会和环境的矛盾冲突提供了判断准则。生态优先原则正是突破了传统的以单一经济效益为核心的发展思路，关注经济、环境和社会协调发展的多元目标，包含了生态规律优先、生态资本优先和生态效益优先三重内涵。它表明，生态文明价值体系下的目标追求不再是非自然的物质财富的无限积累或是货币收益的最大化，而是寻求生态繁荣、社会幸福、人与自然和谐的可持续性。

二、生态文明的自然价值观和理论经济学基石

工业文明的价值理论以古典经济学的劳动价值论为基础，人的具体劳动升华为社会一般劳动，人类劳动付出得到产品用以交换，从而创造价值。在这样的伦理价值认知下，价值测度就是劳动价值，自然的价值被忽略甚至否定，功利性质的劳动成果的占有是按劳分配。在古典经济学产生的西欧，相对恒态的水、化学结构相对

稳定的大气，以及恒定的太阳辐射等自然物品是无限供给的，没有稀缺性，不会用以交换，故而没有价值。工业文明下的制度设计，重点在于保护劳动所积累的资本，而忽视创造价值有限的劳动者和没有市场价值的自然。

生态文明的价值论首先认可自然的价值，认为自然没有替代品。自然的产出、生态服务，并没有人类的劳动付出，但自然之劳动所创造和提供的产品和服务，具有产品、服务、再生（再生产）、修缮（自我修复）、交互（互为依存）、系统（整体），以及无机环境的空间、物质和媒介等价值成分。自然资产的保值增值，是自然的劳动所实现的价值。习近平同志关于“绿水青山就是金山银山”的著名科学论断，充分体现了尊重自然、重视资源全价值、谋求人与自然和谐发展的价值理念。习近平同志指出：“要树立自然价值和自然资本的理念，自然生态是有价值的，保护自然就是增值自然价值和自然资本的过程。”[①]这即奠定了“绿水青山就是金山银山”的自然价值理论基石，充分体现了尊重自然、重视资源全价值、谋求人与自然和谐发展的价值理念，是马克思主义政治经济学的理论创新，是新时代生态文明建设新的理论经济学，为生态文明改造和提升工业文明、实现

① 《中共中央国务院印发〈生态文明体制改革总体方案〉》，《人民日报》2015年9月22日。

生态文明转型、迈向生态文明新时代提供了价值理论基础。它表明，生态文明体系下的价值测度，不仅包括劳动创造的价值增量，也包括自然劳动所创造的价值增量。所有参与劳动的主体，均须参与劳动成果的分配，自然也应该分享一定比例的自然和社会劳动的产出，使得人和自然得以至少实现简单再生产，系统的各元素和系统整体得以延续、可持续。因而，生态文明的价值体系下的制度设计，不是为了资本，而是创造资本的人和自然。

三、生态文明的产业理论观和增长动力

工业文明认为，资本、劳动和土地是基本的生产要素，通过投资、生产获得物质资本的增长增殖，但是土地等自然生产要素被认为是不创造价值的物化劳动或死劳动，因而在分配过程中，资本获得利息报酬，劳动获得工资报酬，土地获得地租报酬。但是，地租是所有者权益，并不返还给土地让其休养生息或提高其自然生产力。基于此，由于工业文明下的增长是一种环境消耗性的增长，增长面临着“三重天花板效应”，即“消费和需求饱和”“资源约束”“资产存量饱和”，这也限制了工业文明的发展。随着西方各国纷纷进入后工业化进程，增长动力逐渐缺失、贫富差距逐渐拉大、众多发展

中国家始终未能避免“先污染后治理”的发展路径，反而成了发达国家的“污染避难所”，导致区域性、全球性的环境污染和生态退化加剧。一直以来，工业文明范式下的增长受到了西方学界的批判。英国经济学家、哲学家穆尔率先提出了“静态经济”的概念，即人口数量、经济总量和规模、自然环境均保持基本稳定。进入20世纪60年代，资源枯竭和环境污染问题迫使人们考虑工业化和经济增长的边界问题。美国经济学家鲍尔丁提出“宇宙飞船经济”，米都斯等人则在《增长的极限》中提出了零增长经济，生态经济学家戴利论证了保持人口与能源和物质消费在一个稳定或有限波动水平的“稳态经济”。但是，这些理论要么过于偏颇，要么脱离实际，要么存在方法论困境，因而都无法实现，更难以指导实践。时至今日，西方工业文明的根本性矛盾和问题并没有得到解决，理论、方法和实践依然面临诸多困惑和困境。

生态文明则追求生态中性的经济发展，强调劳动价值与自然价值整体的增长，使得自然资产能够保持存量增加、损失趋降、修复扩大。自然资产转换、人均物质消费、固定资产存量、技术效率成为潜在的增长因子。其中，技术效率成为环境中性下增长最重要的动力源泉。很长一段时间以来，我们把发展简单地等同于GDP的增长，专注于生产劳动产品，没有意识到生态产品同样是人类生存发展的必需品之一，也没有生态环境的自然价值和自然资本的概念，在开发利用自然环境与资源的过程中没能正确处理人和自然的关系，对人的行为缺乏约束，造成了生态环境的破坏。习近平同志深刻指出："纵观世界发展史，保护生态环境就是保护生产力，改善生态环境就是发展生产力"。① 这在很大程度上为生态文明建设实现增长同样所要依赖的"生产力"赋予了全新的内涵，即现代化的绿色生产力，除了认识自然、改造自然和利用自然之外，在生产力内部必然要逐渐生成一种保护自然的能力，包括生态平衡和修复能力、原生态保护能力、环境监测能力、污染防治能力等，从而使绿水青山环绕金山银山。当今时代，生态技术、循环利用技术、系统管理科学和复杂系统工程、清洁能源和环保产业技术等为特色的科学技术、智力资源日益成为生产力发展和经济增长的内在性驱动因素，使生态化生产方式蓬勃兴起，产业结构发生现代化的绿色转向，又从实践层面极大论证了习近平同志生态生产力论断的科学性、准确性和前瞻性。

党的十九大重大的历史性贡献在于确立习近平新时代中国特色社会主义思想为全党全国人民为实现中华民

① 习近平：《在海南考察工作结束时的讲话》（2013 年 4 月 10 日），载《习近平关于社会主义生态文明建设论述摘编》，中央文献出版社 2017 年版，第 4 页。

族伟大复兴而奋斗的行动指南。习近平新时代生态文明建设思想作为习近平新时代中国特色社会主义思想十分重要的组成部分，中国社会科学院生态文明研究智库全体同仁就在整体把握习近平新时代中国特色社会主义思想全景全貌的前提和条件下准确把握习近平新时代生态文明建设思想进行了积极的理论探索，取得了一系列新的理论成果。这其中，由中国社会科学院生态文明研究智库理论部主任黄承梁同志著作完成的《新时代生态文明建设思想概论》，就是这一系列成果中的典范之作。他以中国哲学、马克思主义哲学、法学、理论经济学等深厚的专业基础知识和融会贯通、纲举目张的逻辑水平以及娴熟的文字驾驭能力，全面梳理和阐发了习近平新时代生态文明建设思想的战略全貌及其所蕴涵的若干科学论断，深入探求了习近平新时代生态文明建设思想产生的历史渊源、时代总依据以及历史条件，提出以习近平新时代生态文明建设思想为根本遵循，积极构建立吕中国、面向世界的中国生态文明哲学社会科学话语体系，从而以生态文明建设的“中国方案”指导全球生态文明建设理论和实践。

在该著作即将付诸出版之际，我主要从理论经济学视角，结合该著作的主体框架和基本内容，就深入学习习近平新时代生态文明建设思想谈以上几点意见，并以为序。

目　录

下篇：生态文明建设的理论体系及其学说

前　言[*]

党的十八大以来，习近平同志把握经济发展新常态，着眼人民群众新期待，以高远的历史眼光、开放的国际视野、深邃的辩证思维，全面把握人与自然的关系，深刻阐述了事关生态文明建设基本内涵、现实意义、发展阶段、历史使命、战略地位、建设实质、战略举措和系统工程等重大理论和实践课题。一系列重要论述、科学论断、系统理论，使生态文明以前所未有的"历史性"姿态显现在当代中国和现代世界面前，形成了习近平新时代生态文明建设思想，成为习近平新时代中国特色社会主义思想的重要组成和十分重要的内容。习近平新时代生态文明建设思想既是马克思主义立场观

---

* 黄承梁（执笔）:《以"四个全面"为指引走向生态文明新时代——深入学习贯彻习近平总书记关于生态文明建设的重要论述》,《求是》2015 年第 16 期。代前言。有删减和较大改动。

点方法的集中体现，还是中国共产党生态文明政策显学新高度、中国共产党执政理念和执政方式的再探索。

一、唯物史观范畴人类文明发展规律的再认识

习近平新时代生态文明建设思想实现了对人类文明发展规律的再认识，是人类社会发展史、文明演进史上具有里程碑意义的大理念、大哲学。人与自然的关系、生态与文明的关系是人类社会的永恒主题。习近平同志以马克思主义人与自然思想、自然辩证法哲学作为其思想产业的深厚理论基础，以中华文明固有的“天人合一”“道法自然”“众生平等”等生态智慧作为其思想产生的文化土壤和民族基因，以对大自然持续的热爱、渊博的生态学说和极大的创作热情，为生态文明建设及其理论体系、马克思主义生态文明学说作出了历史性贡献。

第一，丰富发展了马克思主义自然观。马克思认为，“不以伟大的自然规律为依据的人类计划，只会带来灾难”。[①] 恩格斯指出，“我们每走一步都要记住：我们统治自然界，决不像征服者统治异族人那样，决不是像站在自然界之外的人似的，——相反地，我们连

① 《马克思恩格斯全集》第 31 卷，人民出版社 1972 年版，第 251 页。

同我们的肉、血和头脑都是属于自然界和存在于自然之中的”。[1] 在这里，马克思和恩格斯强调了自然、环境对人具有客观性和先在性，人们对客观世界的改造，必须建立在尊重自然规律的基础之上。习近平同志关于“尊重自然、顺应自然、保护自然”[2] 的生态文明理念和强调人与自然、人与人、人与社会的全面和谐统一，既是对马克思主义关于人与自然关系理论的继承和发展，又是对多年改革开放实践经验的精辟总结。

第二，丰富发展了马克思主义生产力理论。生产力是一切社会发展的最终决定力量。马克思指出，不仅自然界是劳动者的生命力、劳动力和创造力的最终源泉，而且是“一切劳动资料和劳动对象的第一源泉”。[3] 习近平同志指出：“牢固树立保护生态环境就是保护生产力、改善生态环境就是发展生产力的理念。”[4] 这一科学论断把自然生态环境纳入生产力范畴，深刻阐明了生态环境与生产力之间的关系，揭示了生态环境作为生产力内在属性的重要地位。这在马克思主义生态理论史上，

① 《马克思恩格斯选集》第4卷，人民出版社1995年版，第383—384页。

② 习近平：《在广东考察工作时的讲话》(2012年12月7日—11日)，载于《习近平关于社会主义生态文明建设论述摘编》，中央文献出版社2017年版，第43页。

③ 《马克思恩格斯文集》第5卷，人民出版社2009年版，第56—57页。

④ 习近平：《在十八届中央政治局第六次集体学习时的讲话》(2013年5月24日)，载《习近平关于社会主义生态文明建设论述摘编》，中央文献出版社2017年版，第20页。

还是第一次。

第三，深刻揭示了人类文明发展规律。习近平同志指出："生态兴则文明兴，生态衰则文明衰。"[①] 人类社会的发展史，从根本上说就是人类文明的演进史、人与自然的关系史。历史上，作为西亚最早文明的美索不达米亚文明，"为了得到耕地，毁灭了森林"，文明自此光辉不复。而东方文化积淀了丰富的生态智慧，"天人合一""道法自然"等哲理思想，使中华文明上下五千多年亘古绵延。

第四，明确界定了生态文明的历史阶段。习近平同志指出，人类经历了原始文明、农业文明、工业文明，生态文明是工业文明发展到一定阶段的产物，是实现人与自然和谐发展的新要求。[②] 这说明，生态文明是相较于工业文明更高级别的文明形态，符合人类文明演进的客观规律。习近平同志对生态与文明关系以及人类发展阶段的深刻阐释，彰显了中国共产党人对自然规律、经济社会发展规律和人类文明发展规律的深刻认识。

---

① 习近平：《在十八届中央政治局第六次集体学习时的讲话》（2013 年 5 月 24 日），载《习近平关于社会主义生态文明建设论述摘编》，中央文献出版社 2017 年版，第 20 页。

② 习近平：《在十八届中央政治局第六次集体学习时的讲话》（2013 年 5 月 24 日），载《习近平关于社会主义生态文明建设论述摘编》，中央文献出版社 2017 年版，第 6 页。

二、当代生态文明建设的辩证法

习近平新时代生态文明建设思想，是我们党对生态环境认识发展到一定阶段的产物，是马克思主义普遍原理与中国实际相结合的重要成果，集中体现了马克思主义的立场、观点和方法。

第一，人民主体性思想。“良好生态环境是最公平的公共产品，是最普惠的民生福祉。”[①]习近平同志对生态文明建设始终饱含深厚的民生情怀和强烈的责任担当。他的“生态环境问题是利国利民利子孙后代的一项重要工作”[②]“为子孙后代留下天蓝、地绿、水清的生产生活环境”[③]等重要论述，把党的根本宗旨与人民群众对良好生态环境的现实期待、对生态文明的美好憧憬紧密结合在一起，是“一切为了人民，一切依靠人民”的人民主体性思想在生态文明建设领域的生动诠释。

第二，辩证思维。“我们既要绿水青山，也要金山

① 习近平：《在海南考察工作结束时的讲话》（2013年4月10日），载《习近平关于社会主义生态文明建设论述摘编》，中央文献出版社2017年版，第4页。

② 习近平：《在中央经济工作会议上的讲话》（2014年12月9日），载《习近平关于社会主义生态文明建设论述摘编》，中央文献出版社2017年版，第26页。

③ 习近平：《在广东考察工作时的讲话》（2012年12月7日—11日），载《习近平关于社会主义生态文明建设论述摘编》，中央文献出版社2017年版，第43页。

银山。宁要绿水青山，不要金山银山，而且绿水青山就是金山银山。”[①]习近平同志是自觉运用唯物辩证法的典范，他关于生态文明建设的许多论述饱含着辩证思维的鲜明特点。他形象地将经济发展与生态环境保护的关系比喻成金山银山与绿水青山之间的辩证统一关系，主张在保护中发展，在发展中保护。他用鲜活的语言指出，脱离环境保护搞经济发展，是“竭泽而渔”；离开经济发展抓环境保护，是“缘木求鱼”。[②]

第三，系统思维。“山水林田湖是一个生命共同体”[③]“统筹山水林田湖草系统治理”。[④]习近平同志从方法论的角度深刻阐明了生态文明建设的系统性和复杂性。生态文明是人类为保护和建设美好生态环境而取得的物质成果、精神成果和制度成果的总和，是贯穿经济建设、政治建设、文化建设、社会建设全过程和各方面的系统工程，单独从某一个或几个方面推进，难以从根本上解决问题。

第四，底线思维。“要牢固树立生态红线的观念”，

---

① 习近平：《在哈萨克斯坦纳扎尔巴耶夫大学发表演讲时的答问》（2013年9月7日），《人民日报》2013年9月8日。

② 习近平：《在省部级主要领导干部学习贯彻党的十八届五中全会精神专题研讨班上的讲话》（2016年1月18日），人民出版社2016年版，第19页。

③ 习近平：《关于〈中共中央关于全面深化改革若干重大问题的决定〉的说明》，《人民日报》2013年11月15日。

④ 习近平：《决胜全面建成小康社会　夺取新时代中国特色社会主义伟大胜利——在中国共产党第十九次全国代表大会上的报告》，人民出版社2017年版。

“在生态环境保护问题上，就是要不能越雷池一步，否则就应该受到惩罚”。[①] 习近平同志坚持底线思维，不回避矛盾，不掩盖问题，凡事从好处着眼，从坏处准备，努力争取最好的结果。坚持底线思维，是党的十八大以来习近平同志不断告诫全党的基本思想方法，是我们应对错综复杂形势必须具备的科学方法，是推动新一轮改革的治理智慧。生态红线是不能超出的界限、不能逾越的底线。生态文明建设要以底线思维为指导，设定并严守资源消耗上限、环境质量底线、生态保护红线，将各类开发活动限制在资源环境承载能力之内。

三、中国共产党生态文明政策显学新高度、中国共产党执政理念和执政方式的再探索

党的十八大以来，以习近平同志为核心的党中央，先后提出和确立了实现中华民族伟大复兴的一个伟大梦想——“中国梦”，以此作为凝聚国家富强、民族复兴、人民幸福、社会和谐的强大精神动力和力量源泉；同时，赋予“中国梦”以具体内涵，即“两个一百年”奋斗目标——中国共产党成立100年时全面建成小康社

① 习近平：《在十八届中央政治局第六次集体学习时的讲话》（2013年5月24日），载《习近平关于社会主义生态文明建设论述摘编》，中央文献出版社2017年版，第99页。

会、新中国成立100年时建成富强民主文明和谐美丽的社会主义现代化国家。中国共产党是社会主义建设事业的领导核心，也是实现“两个一百年”奋斗目标、中华民族伟大复兴中国梦的根本组织保障。党既是领导一切的，又是要严于自律的，还是有坚定信仰的。因而，以“严以修身、严以用权、严以律己，谋事要实、创业要实、做人要实”为基本内容的“三严三实”治党风格得以凸显，并作为共产党人修身齐家治国平天下的组织要求；“全面建成小康社会、全面深化改革、全面推进依法治国、全面从严治党”的“四个全面”战略，既是实现中国梦、“两个一百年”奋斗目标的战略举措，又以全面从严治党提升了“三严三实”的发展境界，从而整体上成为实现中华民族伟大复兴的总战略、总举措；社会主义社会是全面发展的社会，经济建设、政治建设、文化建设、社会建设和生态文明建设，构成“五位一体”社会主义事业总布局；以什么样的理念确保协调扒于是“四个全面”战略布局、统筹推进“五位一体”总体布局，特别是处在转型期、新常态下的经济社会发展，“创新、协调、绿色、开放、共享”的新发展理念、供给侧结构性改革，提供了理念先导。概而言之，“中国梦”“两个一百年”“三严三实”“四个全面”“五位一体”“新发展理念”“供给侧结构性改革”，成为党的十八大以来习近平同志治国理政新理念新思想新战略的核心组成部分，是习近平新时代中国特色社会主义思想的主体构成。新理念新思想新战略，无不与生态文明建设发生着天然的内在联系与逻辑互证。因而，诚然保护生态环境已成为全球共识，但把生态文明建设纳入一个执政党的行动纲领，使它与经济建设、政治建设、文化建设和社会建设一道形成“五位一体”总体布局，是中国共产党执政方式的鲜明特色。2013 年联合国环境规划署第 27 次理事会上，我国倡导的生态文明理念被正式写入决定草案，获得世界认可。2018 年 3 月，《中华人民共和国宪法修正案》将生态文明写入宪法。这使生态文明建设在社会主义建设事业中的地位发生了根本性和历史性的变化，表明中国共产党的执政理念和执政方式已经进入一个新境界。

党的十九大确立了习近平新时代中国特色社会主义思想在新时代中国特色社会主义现代化建设进程中的核心指导地位。《新时代生态文明建设思想概论》一书，正是基于此，基于习近平新时代生态文明建设思想是习近平新时代中国特色社会主义思想十分重要的组成部分和内容的整体基调，力求通过三个方面，即（1）习近平新时代生态文明建设思想的全景全貌；（2）习近平新时代生态文明建设思想理论体系、话语体系和生态文明哲学社会科学体系的理论构建；（3）中国共产党生态文明政策、体制机制诠释学、注释学的完善，系统架构、著述完成习近平新时代生态文明建设思想的哲学思考。总体上，本书坚持从生态文明是实现中华民族伟大复兴中国梦的重要内容和生态文明建设在中国特色社会主义建设事业“五位一体”总体布局和“四个全面”战略布局中的基础和优先地位出发，以党的十八大以来习近平同志关于生态文明建设的系列重要论述为依托，以习近平同志在哲学社会科学工作座谈会上的“5.17”讲话、在省部级主要领导干部专题研讨班上的“7.26”讲话和在党的十九大上所作的报告三个历史性文献为指引，以习近平同志“绿水青山就是金山银山”[①] 的社会主义生态文明建设观为核心，系统阐述和阐发习近平新时代生态文明建设思想战略全貌，借以揭示指出：习近平新时代生态文明建设思想是当代马克思主义生态文明经典作家构筑的时代化、大众化、全球化的充满哲学与思辨的生态文明哲学社会科学话语体系，是指导和实现党的十九大确定的美丽中国现代化建设新目标的根本遵循和行动指南。

《新时代生态文明建设思想概论》全书从体例上共分为上、中、下三篇，正文部分共计八章。上篇主要讲生态文明建设的基本认知，涵盖生态文明及其建设的历史渊源、重要地位和战略全貌。第一章主要论述生态文

① 习近平：《在哈萨克斯坦纳扎尔巴耶夫大学发表演讲时的答问》（2013 年 9 月 7 日），《人民日报》2013 年 9 月 8 日。

明从术语、思潮到社会形态的历史演进，特别是成为中国共产党治国方略及其重大产业实践，表明一国国民经济发展方式绿色化的未来趋势；又以党的十八大以来，特别是党的十九大再明确、再确立的事关生态文明建设战略全貌的若干科学论断，科学揭示出习近平新时代生态文明建设思想的全景全貌；第二章则着眼习近平同志关于生态文明建设最著名的科学论断，即“绿水青山就是金山银山”，[①] 并及中华民族伟大复兴中国梦这一最伟大的梦想，对生态文明建设的核心价值、历史使命予以阐述。特别是按照中国梦的启示，要求我们更好增强建设生态文明的“时代定力”，至少使环境治理和改善在第一个百年目标成效极大显现。

中篇主要讲生态文明建设的基本路径。主要涵盖生态文明如何融入经济建设、政治建设、文化建设和社会建设四个基本方面，为第三章至第六章。围绕融入经济建设，重点论述习近平同志提出的“保护生态环境就是保护生产力、改善生态环境就是发展生产力”[②]“绿水青山就是金山银山”[③] 论，特别是如火如荼展开的供给侧

---

① 习近平:《在哈萨克斯坦纳扎尔巴耶夫大学发表演讲时的答问》(2013 年 9 月 7 日),《人民日报》2013 年 9 月 8 日。

② 习近平:《在海南考察工作结束时的讲话》(2013 年 4 月 10 日)，载《习近平关于社会主义生态文明建设论述摘编》，中央文献出版社 2017 年版，第 4 页。

③ 习近平:《在海南考察工作结束时的讲话》(2013 年 4 月 10 日)，载《习近平关于社会主义生态文明建设论述摘编》，中央文献出版社 2017 年版，第 4 页。

结构性改革与生态文明建设二者的内在关系；围绕融入政治建设，重点论述如何将生态文明建设放到“全面深化改革”“全面依法治国”“全面从严治党”的视角去看，着力推动形成人与自然和谐发展的现代化建设新格局，着力推动马克思主义学习型政党建设，着力推动形成生态文明建设国家治理体系和治理能力现代化；围绕融入社会建设，重点论述如何站在人民立场，回应人民群众呼声和期待，解决好人民群众反映强烈的问题，特别是强调，对现代社会公民而言，本身也要践行生态、低碳、俭朴生活；围绕融入文化建设，重点论述如何认识文化的力量、文化的软实力作用，要求更加重视中华文明传统生态智慧，在当代中国，培育和弘扬社会主义核心价值观，建设生态文明。

下篇主定调于哲学，讲基于习近平新时代生态文明建设思想所要发展和完善的生态文明建设理论体系、哲学社会科学话语体系，及至马克思主义生态文明学说。第七章主要论述如何深刻认识习近平新时代生态文明建设思想的创作热情和思想渊源，重要论述产生的时代依据和历史条件等，特别是全面论述了习近平同志作为马克思主义生态文明理论家、思想家如何作出对马克思主义生态文明学说的历史性贡献；第八章讲重大的理论创新和突破，即习近平新时代生态文明建设思想的理论构建和马克思主义生态文明学说的当代创立。附录对马克思、恩格斯关于人与自然和社会主义生产的基本学说与习近平新时代生态文明建设思想进行了对照。从著者角度讲，此部分内容缺乏创新性；但从深入学习和掌握习近平新时代生态文明建设思想的角度看，我们的内心将受到极大震撼，能够深切地体会到习近平同志如何以超凡的理论魅力和对马克思主义自然辩证法的深谙、熟稔和运用自如完成对马克思主义生态文明学说的历史性贡献。

笔者系长期致力于生态文明建设基础理论研究的中青年学者。自始担纲中国社会科学院生态文明研究智库理论部主任至今，在我国著名的生态文明学者潘家华及其团队的指导、支持和帮助下，先后参与党中央、国家部委、中国社会科学院系列学习习近平治国理政新理念新思想新战略课题。不断学习、不断进步，笔者深切地感受到，生态文明固然要讲生态文明学（一种理论学科），但更重要的工作就是始终坚持服务党和国家生态文明建设工作大局，搞大哲学、搞显学，才能赢得生态文明建设的话语权，让国家有动力、让人民群众看到希望、充满信心。期盼这本事实上由每一篇精耕细作且已经发表在各大主流媒体（特别是《人民日报》《求是》《中国环境报》等中央媒体）以及全国中文核心期刊上的论文重新构架的学习习近平新时代生态文明建设思想的著作能够起到这些作用。倘如此，笔者将由衷欣慰。限于笔者水平有限，学习永无止境，恳请前辈、同仁、后来者们不吝赐教，使之日臻完善。

上篇：生态文明建设的战略认知

第一章　生态文明的时代肇始和社会主义生态文明建设的战略地位、战略举措、历史使命

第一节　社会主义生态文明从思潮到社会形态的历史演进

工业文明强调人类对自然的征服，以人类中心主义的姿态对地球立法、为世界定规则。世界范围内的资源短缺、环境破坏和生态系统退化的现实难题与灾难，使“人类中心主义”向“泛人道主义”和“生态中心论”方向演进。马克思主义理论家更加注重人与自然生态关系的全方位探索，指出世界是“人—社会—自然”的复合生态系统。这为中国共产党于十七大首次将生态文明

写入党代会报告并确立建设生态文明的历史任务提供了思潮支持。党的十八大以来，以习近平同志为核心的党中央，以努力走向社会主义生态文明新时代为分水岭，使生态文明建设的理论与实践呈现出阶段性与整体性的有机统一，使社会主义生态文明发生了由思潮到社会形态的根本性转变，昭示一个生态文明社会的全面到来。

一、工业文明的生态问题

工业文明的出现，一方面，如恩格斯所说，它不仅推动物质文明的进步，创造了有人类以来旷世罕见的惊天的物质财富，另一方面，它“包含着现代的一切冲突的萌芽”[①]。在人与自然和谐的状态方面，原有的天人合一的格局和发展形态完全“走样”了，它大规模地破坏、攫取和豪夺自然资源，体现出了强烈的人类中心主义倾向，导致人与自然关系的急剧恶化。20世纪中叶前后的二三十年间，过分陶醉于对自然界的胜利、沉溺于高度发达的物质享受的人类社会，遭到了大自然生态系统的疯狂报复。在世界范围内，出现了震惊世界的“八大公害事件”，各类环境污染事

① 《马克思恩格斯选集》第3卷，人民出版社1995年版，第744页。

件频繁发生，众多人群非正常死亡、残疾、患病的公害事件不断出现，持续久、影响众。比如，从20世纪40年代至50年代，美国洛杉矶大量汽车废气产生的光化学烟雾事件，造成大多数居民患眼睛红肿、喉炎、呼吸道疾病恶化等疾病，导致数百人提早死亡；又如，1952年12月5日至8日的英国伦敦烟雾事件导致四千多人死亡。两者都是极其严重的重大生态环境污染事件。不仅仅局限于“八大公害事件”的各种环境污染事件的频频发生，引起了以美国为首的西方国家的重视，并掀起了反对“公害”的环境保护运动。美国的一些政治家、知识分子等利用多种手段进行环保宣传。1962年，美国生物学家蕾切尔·卡逊出版书籍《寂静的春天》，披露农药的使用给美国环境造成了恶劣影响，引起美国社会各界人士对环境问题进行更深入的探析与关注；美国政治家盖罗德·尼尔森奔走于美国各大高校，利用在校园中演讲的方式，告知美国大学生美国环境恶化的事实，倡议美国大学生保护环境；而美国媒体从业人士利用报纸、杂志等平台，在头版头条或显眼的地方刊登与环境问题相关的文章或新闻；等等。在美国各界人士的共同努力下，自20世纪60年代始，与土地使用、动物保护等相关的环保组织纷纷成立。1970年4月22日，首次“地球日”活动，美国各地2000万人参加。美国国会当天被迫休会，纽约市最繁华的曼哈顿第五大道不得行驶任何车辆，数十万群众集会、游行，呼吁创造一个清洁、简单、和平的生活环境。两年后，联合国召开了人类环境会议，并在会议上通过了《人类环境会议宣言》，呼吁全世界各地为了人类共同的生存环境和人类后代的生存问题，审慎地考虑每一个决策。

与此同时，现代西方哲学的价值取向也发生了显著的历史性变化，一种新型的伦理形态——环境伦理学在西方哲学社会科学界兴起，并相继产生了一批环境伦理学派的代表人物。其中，生物中心论和生态中心论成为两个显著的思想派别。就生物中心论而言，典型的代表人物是澳大利亚莫纳什大学（Monash University）哲学系的彼得·辛格（Peter Singer），他于 1973 年首次提出“动物解放”（Animal Liberation）概念，并于 1975 年出版了《动物解放》一书。该书的英文版再版有 26 次之多，而德、意、西、荷、法、日等国则翻译成自己国家的语言出版。受此书思想影响，很多人成了素食主义者，反对“危害环境”的肉食业，力图使其他“无辜”生灵免受灾难。动物中心论也引起了我国一批学者的关注，如中国社会科学院的杨通进教授，曾发表《中西动物保护伦理比较论纲》《动物权利论与生物中心论——西方环境伦理学的两大流派》等文章。从理论上说，生物中心论思想与中华传统的佛教智慧，如“众生平等”和“不杀生”等理念相一致，承认了所有生命体自身的内在价值。但从现实看，特别是从人类社会的诞生与发展视角来看，生物中心论在实践操作上十分棘手。人与动物之间、不同物种之间关系的生物多样性，是整个生物系统进化的起点，人类社会之所以进化为更高级别的动物，也是物竞天择的进化必然。当然，这绝不是说一个生物链一定要成为另一种生物链条食物链，但是，肉食是保证一个国家、一个民族身体素质的必要条件。生态中心论，顾名思义，则是一种把道德关怀的范围从人类扩展到生态系统的伦理学说，典型的代表，如被誉为“环境伦理学之父”的美国学者罗尔斯顿（Holmes Rolsto），先后出版《哲学走向荒野》《环境伦理学：大自然的价值以及对大自然的义务》《保护自然价值》等著作。罗尔斯顿同时还是国际学术期刊《环境伦理学》的创办者。生态中心论强调自然界的内在价值和系统价值，也承认自然界以人为评价尺度的工具性的外在价值，指出维护和促进生态系统的完整和稳定是人所负有的义务。但显而易见，泛人道主义看到了生命存在的意义，肯定了自然的价值，却有可能使“明于天人之分”的人类重新回归丛林。离开人类来谈自然价值，这是没有意义，也是不可能实现的。

二、逻辑的起点与中国共产党对人类文明的创造性贡献

人与自然生态关系矛盾的全面凸显，同样引起了马克思主义理论工作者的重视。20 世纪 70 年代，西方生态运动和社会主义思潮相结合产生了生态社会主义流派，从而成为当今世界十大马克思主义流派之一。生态社会主义认为资本主义制度是造成全球生态危机的根本原因，环境问题的本质是社会公平问题，认为“只有社会主义才能真正解决社会公平问题，从而在根本上解决环境公平问题”①。这是因为，第一，资本主义以追求利润为最终目的，把自然视为财富的源泉；第二，资本主义追求资本扩张，为了扩大生产规模，节省生产成本，最大限度地开发利用第三世界的自然资源，给不发达国家造成了同样的生态危机。但是在实践中，由于我国仍然处于社会主义初级阶段，在以经济建设为中心的时代浪潮之下，我们在弯路上跑得太快了，以太快的速度跑弯路，致使当前人与自然的矛盾非常尖锐，资源短缺、生态系统退化、环境污染严重的形势非常严峻。

基于威胁未来人类文明安全的很可能是已经延续了两百多年之久的工业文明所引发的环境灾难和能源战争

① 潘岳:《论社会主义生态文明》,《绿叶》2006 年第 10 期。

的基本判断，基于中国的工业化是在西方发达国家的工业化已经将地球的能源和环境危机推向临界状态下进行的历史现实，我们意识到，社会主义中国要想解决人与自然关系的矛盾，就必须以对工业文明的“扬弃”姿态，发展并创新驱动出一种适于人类共享的低碳、绿色、循环发展的新文明模式。

中国共产党基于党情、国情、世情，深刻地感知到世界环境保护主义运动潮流涌动。事实上，以毛泽东同志为核心的党的第一代中央领导集体，早在 20 世纪 50 年代就提出了“绿化祖国”“实行大地园林化”的号召。1950 年，新中国召开的第一次全国林业业务会议就确定了“普遍护林，重点造林，合理采伐和合理利用”的林业建设总方针。这比世界范围内的环境保护运动整体兴起还要早上一二十年。1972 年，第一次全球环境峰会在瑞典斯德哥尔摩举行，中国派出了代表团。1973 年，我国召开了第一次全国环保大会，审议通过了“全面规划、合理布局、综合利用、化害为利、依靠群众、大家动手、保护环境、造福人民”的环境保护工作 32 字方针，成为我国环保事业的第一个里程碑。会后，中央政府决定在当时的城乡建设部设立一个管环保的部门。

改革开放以来，正如习近平同志所指出：“坚持和发展中国特色社会主义是一篇大文章，邓小平同志为它确定了基本思路和基本原则，以江泽民同志为核心的党的第三代中央领导集体、以胡锦涛同志为总书记的党中央在这篇大文章上都写下了精彩的篇章。现在，我们这一代共产党人的任务，就是继续把这篇大文章写下去。”①

第一，以邓小平同志为核心的党的第二代中央领导集体时代，将治理污染、保护环境上升为基本国策。为着力推进环境保护的法制化工作，1978年，邓小平同志提出：应该集中力量制定刑法、民法、诉讼法和其他各种必要的法律，例如工厂法、人民公社法、森林法、草原法、环境保护法、劳动法、外国人投资法，等等，经过一定的民主程序讨论通过，并且加强检察机关和司法机关，做到有法可依，有法必依，执法必严，违法必究。在邓小平同志的重视下，我国先后制定、颁布、实施了森林法、草原法、环境保护法、水法。这些法律法规，为保护、利用、开发和管理整个生态环境及其资源提供了强有力的法律保障，具有根本性意义。对于林业建设工作，邓小平同志首次对一项事业提出了“坚持一百年，坚持一千年，要一代一代永远干下去”的要求。

第二，以江泽民同志为核心的党的第三代中央领导

① 《习近平在新进中央委员会的委员、候补委员学习贯彻党的十八大精神研讨班开班式上发表重要讲话》，《人民日报》2013年1月6日。

集体，向全国人民发出了“再造秀美山川”动员令。退耕还林，再造秀美山川，绿化美化祖国；西部大开发；可持续发展，走生态良好的文明发展道路；把中国的生态环境工作做好，就是对世界的一大贡献。1999 年，江泽民同志在参加首都全民植树活动时指出：“只有全民动员，锲而不舍，年复一年把植树造林工作搞上去，才能有效地遏制水土流失，防止土地沙漠化，为人民造福。这是关系到中华民族下个世纪和千秋万代的大事，必须充分重视，抓紧抓好。”①

第三，新世纪新阶段，以胡锦涛同志为总书记的党中央，提出构建社会主义和谐社会，形成了科学发展观，将建设生态文明写入世界第一大政党党代会报告。科学发展观的根本方法是统筹兼顾，统筹人与自然和谐发展是科学发展观“五个统筹”的重要组成部分。它要求我们树立科学的人与自然观，视人类与自然为相互依存、相互联系的整体，从整体上把握人与自然的关系，并以此作为认识和改造自然的基础；生态文明首次写入党代会报告，这是继在党的十二大至十五大强调建设社会主义“物质文明”“精神文明”，党的十六大在此基础上提出建设社会主义“政治文明”之后，党代会政治报告首次提出建设“生态文明”。建设生态文明，就其理

---

① 《江泽民等在参加首都全民义务植树活动》，《人民日报》1999 年 4 月 4 日。

论形态而言，其最重要的意义在于首次用人类崭新的文明即生态文明，高度概括和统一了人与自然两者的辩证关系。

马克思指出：历史“可以把它划分为自然史和人类史。但这两方面是不可分割的；只要有人存在，自然史和人类史就彼此相互制约”。[①] 如果说历史属于传统思维中的过去，则生态文明标志着今天的状态和人类对未来的美好憧憬。列宁指出：“对恩格斯的唯物主义的‘形式’的修正，对他的自然哲学论点的修正，不但不含有任何通常所理解的‘修正主义的东西’，相反地，这正是马克思主义所必然要求的。”[②] 生态文明是实现人类整个文明史上对人与自然、社会与自然、人与人、社会与社会之间关系的真正统筹。中国共产党对人类崭新的文明形态作出了历史性的贡献。

三、逻辑的发展与走向社会主义生态文明新时代

党的十八大以来，习近平同志就生态文明建设作了一系列重要论述，深刻、系统、全面地回答了我国生态文明建设发展面临的一系列重大理论和现实问题，标志着社会主义生态文明从思潮到社会形态的真正转变。这

① 《马克思恩格斯选集》第 1 卷，人民出版社 1995 年版，第 66 页。
② 《列宁选集》第 2 卷，人民出版社 1995 年版，第 182 页。

个标志的核心，就是“五位一体”中国特色社会主义事业总体布局的完善和发展。党的十八大着眼于社会主义初级阶段总依据、实现社会主义现代化和中华民族伟大复兴总任务的有机统一，把生态文明建设纳入中国特色社会主义事业总体布局，由传统的经济建设、政治建设、文化建设和社会建设“四位一体”总体布局，拓展为包括生态文明建设在内的“五位一体”。习近平同志指出：“这标志着我们对中国特色社会主义规律认识的进一步深化，表明了我们加强生态文明建设的坚定意志和坚强决心。”①

2017 年 10 月 18 日，在北京隆重召开的党的十九大上，习近平同志作了《决胜全面建成小康社会　夺取新时代中国特色社会主义伟大胜利》的报告。报告共 13 个部分，其中，在第一部分即“过去五年的工作和历史性变革”，第三部分即“新时代中国特色社会主义思想和基本方略”和第九部分即“加快生态文明体制改革，建设美丽中国”，专门成段成节论述了生态文明建设的阶段性成就、指导思想和战略部署；在其他各个部分，均以清新的表述、科学的论断，承前启后、继往开来，提出了若干新的表述，明确和凸显了新时代社会主

① 《习近平在中共中央政治局第六次集体学习时强调：坚持节约资源和保护环境基本国策　努力走向社会主义生态文明新时代》，《人民日报》2013 年 5 月 25 日。

义生态文明建设新的时代背景、发展依据、外部条件和政治保证，从理论和实践结合上系统回答了新时代社会主义生态文明建设理论和实践的全景全貌，以习近平新时代生态文明建设思想为不断巩固和深化人与自然和谐发展现代化建设新格局提供了新的政治宣言、价值遵循和行动指南。①

改革开放40年来的经济社会发展，在很大程度上，过分或者单一追求经济增长，而且在抓经济建设的过程又忽视了精神文明建设；实践中，环境保护的基本国策没有落实到位，致使民众过分追求物质成果享受，而忽视自然的力量，内心缺少对中华文明数千年天人合一观的人文仰望和对自然力量的基本敬畏。这都是导致今天生态环境形势如此严峻的重要成因。在经济发展进入新常态背景下，"新常态"下的"以经济建设为中心"，如果不对传统粗放型工业模式进行根本扬弃，不转变生产方式、增长方式和发展模式，经济社会发展根本就难以为继。习近平同志指出："如果仍是粗放发展，即使事先完成了国内生产总值翻一番的目标，那污染又会是一种什么情况？届时资源环境恐怕完全承载不了。"②党中

① 黄承梁：《为什么习近平总书记如此重视生态文明建设：社会主义生态文明建设新时代新表述》，海外网·学习小组，2017年10月20日。

② 《习近平在中央政治局常委会议上关于一季度经济形势的讲话》（2013年4月25日），载《习近平关于社会主义生态文明建设论述摘编》，中央文献出版社2017年版，第5页。

央把生态文明建设纳入“五位一体”总体布局和“四个全面”战略布局，推动生态文明建设写入宪法修正案，[①] 不单纯是加进去生态文明建设，至为重要的，就是确立了生态文明建设于其他四项建设而言的战略优先地位，以及生态文明建设在“五位一体”总体布局和“四个全面”战略布局中的基础地位，更以国家根本大法更加彰显生态文明建设的战略地位。新时代，我们必须把生态文明建设融入各项建设之本。

第一，生态文明建设融入经济建设。经济建设的首要目标在于绿色化，绿色化发展的必然结果是国民经济绿色产业的规模化、常规化和常态化，再也不能是诸如传统的“先污染、后治理”“先上车、后买票”等“先后”理念问题。习近平同志在党的十九大报告第九部分即“加快生态文明体制改革，建设美丽中国”中指出：我们要建设的现代化是人与自然和谐共生的现代化，既要创造更多物质财富和精神财富以满足人民日益增长的美好生活需要，也要提供更多优质生态产品以满足人民日益增长的优美生态环境需要。怎样看待绿色化与现代化，如何正确处理环境保护与经济发展之间的关系，习近平同志的“绿水青山与金山银山”的科学论断，为我们建设面向 21 世纪后半叶、面向未来数百年的人类经

① 《中国共产党中央委员会关于修改宪法部分内容的建议》，《人民日报》2018 年 2 月 26 日。

济社会发展提供了有益启示。应当意识到，人类社会经历过这样三个阶段，第一个阶段，既要绿水青山，也要金山银山。光讲自然生态，不符合人类社会进化、发展的历史必然。在人类历史上，人类之所以为人类，是人类适应自然的胜利，而“明于天人之分”更是人类从野蛮的荒野中脱胎换骨成为“人”的重要节点。如在我国历史上，黄河流域曾经多次发生较大的洪灾，就不必然是人类不顺应自然的结果。第二个阶段，宁要绿水青山，不要金山银山。这一点，环顾自 18 世纪工业革命以来对自然生态的亘古未有的破坏，以及人类因此所遭受的大自然的报复就能够得到大量的证明。不仅西方发达国家经历了这样的环境阵痛，我国目前同样正经历着这样的时代阵痛，如雾霾问题，严重地影响着人民的生产生活，侵蚀着经济社会发展原本带给人民群众的幸福感。第三个阶段，绿水青山就是金山银山。现代社会，科学技术高度发展，在信息产业、智能化应用、新材料、节能环保、清洁能源、生态修复、生态技术、循环利用等领域取得了重大的突破，并由此引发了新的产业革命。两者相互一起，逐步成为推动生产力发展和促进生产方式转变的关键性要素和力量，绿色产业的发展方兴未艾。现在，绿色产业和绿色经济已经成为我国国民经济发展“新常态”的重要组成部分，成为推动我国由经济大国向绿色强国转变的重要契机。

第二，生态文明建设融入政治建设。生态文明建设融入政治建设，关键是要改变“唯GDP论英雄”的传统考核体系，再也不能以国内生产总值增长率论英雄。一是要从根本上完善经济社会发展考核评价体系，把体现生态文明建设状况的各项指标，如资源消耗、环境损害、生态效益等，纳入经济社会发展评价体系。在这方面，尤要体现党的建设生态文明的意志和坚定决定。二是要从制度上建立健全资源生态环境管理制度。党的十八届四中全会提出全面依法治国的治国方略，这对生态文明建设至关重要。从制度上来说，我们要加快生态立法、民主立法，加快建立国土空间开发保护制度，加快建立资源有偿使用制度，更加注重生态补偿制度；落实环境执法，更加注重环境损害赔偿制度的落实；强化环境司法，更加注重生态环境保护责任追究制度，从根本上解决环境诉讼中取证难、环境权益维护难等一系列现实问题。

第三，生态文明融入文化建设。习近平同志多次讲话指出，中国优秀传统文化中蕴藏着解决当代人类面临的难题的重要启示，比如，天人合一、道法自然的思想。① 天人合一，用季羡林先生的话解释：“天，就是大自然；人，就是人类；合，就是互相理解，结成友

① 习近平：《坚持节约资源和保护环境基本国策　努力走向社会主义生态文明新时代》《人民日报》2013年5月25日。

谊。”[①]天人合一是中国哲学和中华传统的主流精神，是两千年来中国人特有的宇宙观、特有的价值追求以及处理天地之间、天地人之间、人与自然之间关系的独特方法；“道法自然”的哲理思想，更是“人与自然和谐发展”的生态文明核心要义之肇始。老子道的思想，道生一、一生二、二生三、三生万物，人法地、地法天、天法道、道法自然，无不显示了老祖宗关注宇宙、关注自然的中华文明的文化基因，深刻解答了“我们从哪里来，要到哪里去”的历史思考、人文思考和生态思考。生态文明融入文化建设，还要与弘扬社会主义核心价值观结合起来。社会主义核心价值观是社会主义核心价值体系的内核，反映了社会主义核心价值体系的实践要求。党的十八大以来，习近平同志多次作出重要论述，中央政治局就培育社会主义核心价值观，弘扬中华传统文化专门进行了集体学习。文明、和谐、平等、友善等观念，内在地蕴含了生态文明之文明，人与自然之和谐，当代人与当代人、当代人与后代人之间之平等，善待自然、善待生命等生态文明建设的基本诉求。我们不仅要对传统的人定胜天的自然观、生态伦理观进行自我反省和调整，更要主动实践，在全社会形成文明、持续、健康、绿色、生态的消费模式。

第四，生态文明融入社会建设。社会建设，既要关

① 季羡林：《“天人合一”新解》，《传统文化与现代化》1993 年第 1 期。

注国内社会，也要关注国际社会。就国内社会而言，习近平同志指出，“要把生态文明建设放到更加突出的位置，这也是民意所在”①。近年来，一些地区的污染问题集中暴露，雾霾天气、饮水安全、土壤重金属含量过高等等，社会极其关注，群众反映极其强烈。人民群众对环境问题高度关注，则凸显了生态文明建设在人民群众生活幸福指数中的上升地位。资源总量是一定的，生态系统的总容量也是有限的，如果说过去近四十年的粗放型发展带来的环境问题、生态系统问题尚处在环境总容量的可自我调节范围，今天的环境问题，则已经使我们站在生态环境承载力的临界点、环境阈值的最高点。我们必须要充分发挥社会主义制度的政治优势，着力构建党委政府主导，全社会共同努力、良性互动的全民参与大格局，着力推进大气污染治理，集中力量优先解决好细颗粒物（PM2.5）和颗粒物污染防治，解决好“气”的问题；着力推进土壤污染综合治理，集中力量优先解决好重金属污染问题，解决好“土”的问题；着力推进流域水、饮用水、地下水污染综合治理，集中力量优先解决工业排污、地下暗排偷排的问题，解决好“水”的问题。气顺、土好、水安全，则民心顺，生态文明理念就会深入人心，成为人民群众

① 习近平：《绿水青山就是金山银山》，《人民日报》2006年4月24日。

自觉的意识和行动。就国际社会而言，人类共有一个地球，生态治理要具有世界历史眼光。以遏制气候变暖为题展开的世界各国“博弈”，不仅直接影响广大发展中国家的现代化进程，如中国实现中华民族伟大复兴中国梦的历史进程，而且直接影响发达国家在全球生存环境和生态资本再分配方面的角逐。我们要应对全球性重大威胁和挑战，中国要发挥与我们地位相适应的作用，把应对气候变化纳入经济社会发展规划，强力推进绿色增长。

自然辩证法来源于实践，并且随时受着实践的检验。它不是僵化的教条和空洞的说教，而是实际的行动的指南。它是要使人扩大眼界，活跃思想，而不是要使人墨守成规，故步自封。它是自然科学的前哨和后卫，并且要不断地从自然科学吸取养料，不断地随着自然科学的发展而发展。生态文明，归根结底，最终是人与人之间的公平问题，既包括当代人如何对待老祖宗遗产的问题，也包括当代人，如东西之间、南北之间发展差异的公平问题，更包括当代人与我们子孙后代两者关系的问题。但不论是哪一代人，建设生态文明的最终取向就是如何实现人与自然的和谐问题。社会主义生态文明从思潮到社会形态，既使一种崭新的文明思想实现了新时代的升华，也为实现中华民族伟大复兴的中国梦奠定了生态的社会形态，更为走向共产主义制度下的“公平”奠定“社会主义历史”的社会基石。

第二节　事关生态文明建设战略全貌的若干科学论断

党的十八大以来，习近平同志深刻把握社会主义生态文明新时代人民群众新期待、生态文明建设新实践，以马克思主义人与自然观新的理论境界、开放视野和博大胸怀，就生态文明建设作了一系列重要论述，提出了一系列事关生态文明建设的基本内涵、本质特征、演变规律、发展动力和历史使命等崭新科学论断，以生态文明建设人类命运共同体的中国方案、中国话语体系，全面、系统、深刻回答了当代中国和世界生态文明建设发展面临的一系列重大理论和现实问题，既从整体上构成习近平新时代生态文明建设思想的重要内容，也成为习近平新时代中国特色社会主义思想不可或缺的重要组成。习近平同志指出：“这是一个需要理论而且一定能够产生理论的时代，这是一个需要思想而且一定能够产生思想的时代。”[①]从哲学社会科学视角，进一步全面系

① 习近平：《在哲学社会科学工作座谈会上的讲话》（2016年5月17日），《人民日报》2016年5月19日。

统、科学准确地学习和梳理习近平新时代生态文明建设思想及其科学论断，深刻把握科学论断所蕴涵的哲学思想、理论品质，对于推动形成人与自然和谐发展的现代化生态文明建设新格局，推动实现中华民族伟大复兴美丽中国梦，共建人类生态家园，促进人类命运共同体建设，具有十分重要和深远的意义。

一、生态兴则文明兴，生态衰则文明衰——建设生态文明是中华民族永续发展的千年大计

习近平同志指出："历史地看，生态兴则文明兴，生态衰则文明衰。"[①] 人类社会的发展史、文明史，归根结底，是一部人与自然、生态与文明的关系史。马克思指出，我们仅仅知道的一门历史科学，可以把它划分为自然史和人类史。"只要有人存在，自然史和人类史就彼此相互制约。"[②] 尊重自然、顺应自然、保护自然，人类文明就能兴盛；反之，人类将遭受到自然的惩罚、报复，其文明就要衰落。

历史上，作为西亚最早文明的美索不达米亚文明，

---

① 习近平：《在十八届中央政治局第六次集体学习时的讲话》（2013 年 5 月 24 日），载《习近平关于社会主义生态文明建设论述摘编》，中央文献出版社 2017 年版，第 6 页。

② 《马克思恩格斯选集》第 1 卷，人民出版社 1995 年版，第 66 页。

居民为了耕地而毁灭了森林，渐为沙尘所掩埋，而成为不毛之地，自此文明不复。历史的教训令人十分痛心。当今时代，环境污染、生态破坏、资源短缺问题十分普遍，系统性、区域性、全球性生态危机十分突出；当今中国，西方发达国家一两百年积累和发展起来的环境问题，在我国改革开放以来的快速发展中，一下子集中显现，不仅生态环境中的历史欠账难以归还，新的环境问题又不断涌现。

党的十八大以来，以习近平同志为核心的党中央，提出和确立京津冀协同发展战略、三江源国家生态保护区、长江经济带生态优先战略等等，主体功能区制度逐步健全，国家公园体制试点积极推进，就是从“生态”与“文明”的战略视角，按主要矛盾论指导生态文明建设实践，确保不发生系统性和区域性生态灾害。

党的十九大进一步巩固和深化了党对生态与文明关系范畴、历史规律的认识，进一步明确了生态文明建设的历史地位。习近平同志在党的十九大报告中指出：建设生态文明是中华民族永续发展的千年大计。报告指出：人与自然是生命共同体，人类必须尊重自然、顺应自然、保护自然。人类只有遵循自然规律才能有效防止在开发利用自然上走弯路，人类对大自然的伤害最终会伤及人类自身，这是无法抗拒的规律。“千年大计”和“生态兴则文明兴，生态衰则文明衰”的科学论断一道表明：

如果不从现在立即行动起来，将来付出的代价恐怕要让我们沉痛思考中华文明要向何处去的问题。我们必须以“生态兴则文明兴，生态衰则文明衰”的科学论断所昭示的生态与文明发展的历史规律，坚持建设生态文明是中华民族永续发展的千年大计的历史定位，以对中华文明悠久灿烂历史文明负责、对即将实现的中华民族伟大复兴负责、对人类文明整体进步负责的历史性、时代性和全球性态度，以壮士断腕的历史性勇气，始终坚持节约优先、保护优先、自然恢复为主的方针，形成节约资源和保护环境的空间格局、产业结构、生产方式、生活方式，还自然以宁静、和谐、美丽。

二、生态文明是工业文明发展到一定阶段的产物——现代化是人与自然和谐共生的现代化

习近平同志指出：“人类经历了原始文明、农业文明、工业文明，生态文明是工业文明发展到一定阶段的产物，是实现人与自然和谐发展的新要求。”[①] 人类文明的历史演进，本身与历史长河同在，一切文明都以其交织性、竞合性和转化性，由低级走向高级，以波浪式、

① 习近平：《在中央政治局第六次集体学习时的讲话》（2013 年 5 月 24 日），载《习近平关于社会主义生态文明建设论述摘编》，中央文献出版社 2017 年版，第 6 页。

螺旋式发展形态推动人类社会文明进步。

原始文明时代，人类对生态环境的影响不仅极其有限，相反，在某种程度上，反映出我们祖先“明于天人之分”的进化艰难。我国古代“有巢氏”“燧人氏”“伏羲氏”和“神农氏”等的传说，既反映了古人原始的生存智慧，也凸显了人类在原始自然生态系统下的渺小；农业文明时代，尽管由于铁器的出现使人类改造、适应自然的能力大为增强，但由于其对自然的认识能力、认知能力和实践能力仍然有限，在很大程度上又维系了自然界生态系统的整体平衡。特别需要指出，中华传统生态智慧，如道法自然、天人合一、与天地参、众生平等的儒释道之核心精神，本身极大地促进了中华农业文明时代的生态平衡，其生态治理的智慧和手段，举世称道。如坐落在成都平原西部的都江堰，是迄今为止全世界范围内历史最为悠久、唯一留存至今、以无坝引水为特征的巨大水利工程。工业文明在它人定胜天价值观指导下，对生产工具和生产方式进行根本性变革，整个工业文明社会的社会化大生产，其战天斗地、创造和超越人类社会诞生以来全部物质财富总和的能耐令人叹服；然而，其所形成的无以复加、积重难返、难以为继的人与自然关系的高度紧张，亦令人生畏、生愕。

社会主义生态文明，以人类崭新的文明形态，要求重新审视工业文明时代人与自然关系的高度紧张，以促进工业文明传统产业结构、经济结构、文化观念、伦理道德、消费理念等的全面生态化、绿色化转型为路径，力图构建公平、正义、绿色、生态、和谐的全人类共享的新文明模式。习近平同志关于生态文明发展阶段的科学论断，表明生态文明本身是人类社会发展和文明进步的历史产物，是不以人的意志为转移的客观存在，它既是人类文明发展形态的更大完善、发展水平的更高阶段，也必然是生产力决定生产关系、生产关系更好适应生产力发展的历史选择。

当今时代，积极建设生态文明，不是要回到原始文明朴素的原生态状态，也不是要回到农业文明时代有限的生态平衡状态，而是要在遵从和把握人类文明一定会由必然王国走向自由王国状态的历史趋势中，以绿色化、生态化思维，积极建设超越工业文明状态的人类崭新的文明新形态。这就是说，我们建设的生态文明，是人类发展到更高阶段的现代化新文明；我们要建设的现代化，是人与自然和谐的现代化。党的十九大则强化了我们对现代化与生态文明关系范畴的基本认识。

党的十九大报告指出：现代化是人与自然和谐共生的现代化。现代化是世界发展的大势，人与自然和谐共生，既是现代化发展的不竭动力和力量源泉，也是生态文明是人类文明更高阶段文明的体现。在工业化、信息化、城镇化、农业现代化和绿色化“新五化”高度融合的经济新常态下，绿色、低碳和循环发展的科学技术，正在以“分秒必争”“日新月异”的速度向生产力诸要素全面渗透、全面融合，使自然科学研究取得重大飞跃，形成先进绿色技术和生态技术，它们又促成绿色生态产业的广泛兴起。

科学认知“生态文明是工业文明发展到一定阶段的产物”的科学论断，需要与科学认知习近平同志“现代化是人与自然和谐共生的现代化”相统筹；科学认知习近平同志“现代化是人与自然和谐共生的现代化”，需要与科学认知“生态文明是工业文明发展到一定阶段的产物”的科学论断相统筹。唯有如此，才能更好地理解生态文明建设与党的十八大以来以习近平同志为核心的党中央确立的“新常态”“新发展理念”“现代化经济体系”等关键术语的内在逻辑一致；也才能更好地确定党的十九大首次就现代化所给予的“绿色属性”的界定，以及理解其作为重大的理论创新和科学论断的界定。

三、保护生态环境就是保护生产力，改善生态环境就是发展生产力

习近平同志指出：“纵观世界发展史，保护生态环

境就是保护生产力，改善生态环境就是发展生产力。”①生产力是人进行生产活动的能力，按其主体性质的不同，可以分为社会生产力和自然生产力。千百年来，人类社会过分强调人类自我改造自然及至征服自然的能力，却有意无意地忽略了自然生产力的力量。而这恰恰是马克思十分重视的研究对象。马克思认为，人类社会的一切活动，都离不开自然富源资源这个基本生产力。所谓自然富源资源，一是作为基本生活资源的水、土壤和空气等；二是作为基本劳动资源的森林、煤炭和贵金属等。它们既是一切生产工具、一切劳动资源的第一源泉，还是作为劳动者人的生命力、劳动力和创造力的第一源泉，而且“在较高的发展阶段，第二类自然富源具有决定的意义”②。现代社会发展日新月异，绿色技术、绿色产业发展相继迸发，越来越成为反映一国核心竞争力强弱的重要标志性因素甚至是制约性因素，也必然成为反映一国、一个民族综合国力大小、生产力发展水平高低的重要因素。改革开放 40 年来，我们不断讲解放生产力、发展生产力，但在实践中，更多突出了作为劳动者本身改造社会、发展生

---

① 习近平：《在海南考察工作结束时的讲话》（2013 年 4 月 10 日），载《习近平关于社会主义生态文明建设论述摘编》，中央文献出版社 2017 年版，第 4 页。

② 《马克思恩格斯全集》第 23 卷，人民出版社 1972 年版，第 560 页。

产、创造物质财富的一面，而对生产力的绿色属性没有引起足够的重视，鲜讲或者讲得不够，致使资源问题、环境问题和生态问题越来越突出。我们今天所饱尝的一切基于生态环境恶化带来的恶果、苦果，就是“自然界对我们进行(的) 报复。”[①] 在 21 世纪的后工业化时代，可持续发展、循环经济、生态经济成为时代潮流，习近平同志关于保护生产环境与保护生产力这一关系范畴的这个科学论断，深刻揭示了自然生态作为生产力内在属性的重要地位，既以其鲜活的语言和深刻论断强化了马克思、恩格斯所强调的第一类和第二类自然富源资源是自然生产力重要组成部分的认识观，又把整个自然生态系统纳入整个生产力范畴，是对马克思主义自然生产力观的极大丰富和发展。当然也是对解放生产力、发展生产力的社会主义本质的极大丰富和发展。

四、绿水青山就是金山银山——必须树立和践行绿水青山就是金山银山的理念

习近平同志指出：“我们既要绿水青山，也要金山银山。宁要绿水青山，不要金山银山，而且绿水青山就

① 《马克思恩格斯全集》第 20 卷，人民出版社 1971 年版，第 519 页。

是金山银山。”①

党的十九大首次将“必须树立和践行绿水青山就是金山银山的理念”写入了世界第一大政党的党代会报告；《中国共产党章程（修正案)》总纲再次明确，中国共产党领导人民建设社会主义生态文明，增强绿水青山就是金山银山的意识。恰如“生态文明”因于2007年首次写入党的十七大报告、于2012年首次在党的十八大报告中被确立为“五位一体”总体布局的重要组成部分而使其具有彪炳史册的历史性里程碑意义一样，“绿水青山就是金山银山”科学论断在决胜全面建成小康社会、实现中华民族伟大复兴的历史性时刻首次写入党的十九大报告，其历史意义不言而喻。新时代中国特色生态文明建设之路，就是实现“绿水青山就是金山银山”的绿色发展之路，尽管这条道路要走半个世纪、一个世纪乃至更长，但这都标志着“生态纪元”时代的到来。它是东方智慧、中国方案对人类命运共同体的贡献。我们需要从战略视角，以唯物史观和辩证法为指导，深切地意识到，“绿水青山就是金山银山”写入党的十九大报告，将为开创当代中国生态文明建设的自然辩证法提供价值遵循。

---

① 《弘扬人民友谊　共同建设“丝绸之路经济带”——习近平在哈萨克斯坦纳扎尔巴耶夫大学发表重要讲话》，《人民日报》2013年9月8日。

五、山水林田湖是一个生命共同体——统筹山水林田湖草系统治理

习近平同志指出：“我们要认识到，山水林田湖是一个生命共同体，人的命脉在田，田的命脉在水，水的命脉在山，山的命脉在土，土的命脉在树。”[①] 他在《关于〈中共中央关于全面深化改革若干重大问题的决定〉的说明》中指出：“如果种树的只管种树、治水的只管治水、护田的单纯护田，很容易顾此失彼，最终造成生态的系统性破坏。”[②] 这些重要论述，都极大凸显出党的十八以来，以习近平同志为核心的党中央，强调全面深化改革，紧紧围绕建设美丽中国不断深化生态文明体制改革、推动形成人与自然和谐发展的现代化治理体系和治理能力的不懈探索。理论上，生态文明建设是一项系统工程。但在实践中，各自为政的属地化、条块化管理体制，致使政出多门、多头治污、九龙治水的现象比较普遍。在中央或地方财政支持或部门利益面前，权力重叠、权力竞争，但在监管或者行政追责方面，又经常出现“谁都在管、谁都不担责”的监管真空。

---

① 习近平：《关于〈中共中央关于全面深化改革若干重大问题的决定〉的说明》，《人民日报》2013 年 11 月 15 日。

② 习近平：《关于〈中共中央关于全面深化改革若干重大问题的决定〉的说明》，《人民日报》2013 年 11 月 15 日。

在党的十八大以来已经深入人心的“山水林田湖是一个生命共同体”的认识论基础之上，习近平同志在党的十九大上所作的报告，又提出非常具体的方法论，“统筹山水林田湖草系统治理”，其实质，就是以系统思维推进生态文明建设的系统工程。要自觉打破自家“一亩三分地”的思维定式，从顶层设计中进一步建立和完善严格的生态保护监管体制，对草原、森林、湿地、海洋、河流等所有自然生态系统以及自然保护区、森林公园、地质公园等所有保护区域进行整合，实施科学有效的综合治理，让透支的资源环境逐步休养生息。扩大森林、湖泊、湿地等绿色生态空间，做好资源上线、环境底线和生态红线的全方位、全系统界定，通过山水林田湖草的系统治理逐步增强环境容量。

六、良好生态环境是最公平的公共产品，是最普惠的民生福祉

习近平同志指出：“良好生态环境是最公平的公共产品，是最普惠的民生福祉。”[①]我们的一切工作，都是为了人民。改善生态、改善民生也是如此。良好的生态环境，是人民生存和发展的前提和基础，既是生态褴褛，更是

① 习近平：《在海南考察工作时的讲话》（2013年4月10日），载《习近平关于社会主义生态文明建设论述摘编》，中央文献出版社2017年版，第4页。

民生福祉。现时代，人民群众对有形和无形生态产品的需求空前强烈，对其环境权益维护的诉求很强烈。可以说，生态产品的短缺、良好生态环境系统的破坏、基本公共生态服务的缺失，在某种程度上，冲抵了人民群众基于物质生活条件极大改善带来的幸福感。人民群众从内心深切呼唤清新的而非雾霾大面积肆虐的空气、干净的而非重金属超标的水源、放心的而非农药残留过多的食品，等等，这都成为老百姓判断生态文明建设成效的基本诉求和心中标尺。因而，从提升人民群众幸福指数、厚实民生之基的视角看，我国经济社会发展过程中的一系列生态环境问题，显然是重大民生工程的不到位，也必然反映为民心向背。恰如习近平同志所指出："把生态文明建设放到更加突出的位置。这也是民意所在。"[①]习近平同志关于生态与公共产品、生态与民生关系范畴的科学论断，是对良好生态产品公共民生属性的揭示，深化和拓展了民生概念的新内涵。我们要从良好生态环境是事关重大公共服务、重要民生福祉的战略高度，坚决摒弃"唯GDP论英雄"的狭隘政绩观、狭隘民生观，把加快重大自然生态系统工程的全面修复作为履行生态文明建设职责、提升公共治理水平、呵护最普惠民生福祉的重要内容，从根本上扭转生态环境恶化趋势，不断为

① 转引自人民日报评论员：《生态文明是民意所在》，《人民日报》2013年5月22日。

人民群众创造天蓝、水清、地绿的宜居生活环境。

七、走向生态文明新时代，建设美丽中国，是实现中华民族伟大复兴的中国梦的重要内容——建成富强民主文明和谐美丽的社会主义现代化强国

习近平同志指出："走向生态文明新时代，建设美丽中国，是实现中华民族伟大复兴的中国梦的重要内容。"[①]实现中华民族伟大复兴的中国梦，是近现代以来中华民族及其儿女最大的憧憬。中国梦强调对中华民族五千多年悠久文明的历史传承，这种理念终将促使当代中国和世界生态文明建设向中华文明、向中华传统生态智慧和思想的复归；中国梦探寻近代一百七十多年来其所饱含的中华民族从饱受屈辱到赢得独立解放的非凡历史，这种理念要求我们深切感受因饱受屈辱、久经战乱、满目疮痍、山河破碎而导致的中华传统生态文明理念的历史断裂和历史阵痛，要求我们淡定而理性地看待中国生态文明建设的曲折性、复杂性和艰难性。现在，我们比历史上任何时期都更接近中华民族伟大复兴的目标，比历史上任何时期都更有信心、有能力实现这个目标。中国梦的实现是具体的。党的十八大以"两个一百

① 习近平：《致生态文明贵阳国际论坛二〇一三年年会的贺信》（2013年7月18日），《人民日报》2013年7月21日。

年”作为奋斗目标铸就“中国梦”。第一个一百年，到中国共产党成立100年时全面建成小康社会的目标一定能实现。关于小康社会，习近平同志有一个非常清新的论断：“小康全面不全面，生态环境质量是关键”。生态文明搞不好，第一个百年奋斗目标实现不全面，势必影响中国梦的实现。正是在这个意义上，我们才能更好理解党的十九大报告“特别是要坚决打好防范化解重大风险、精准脱贫、污染防治的攻坚战，使全面建成小康社会得到人民认可、经得起历史检验”的使命表述。

习近平同志在党在十九大报告中明确指出，我们的现代化建设奋斗目标，即“建成富强民主文明和谐美丽的社会主义现代化强国”。这是首次将“美丽”作为新时代社会主义现代化建设的重要目标写入党代会报告。与此同时，党的十九大报告在多处强化了“富强民主文明和谐美丽”这一社会主义现代化建设整体目标。比如，(1）报告在第一部分，即“过去五年的工作和历史性变革”中指出：为把我国建设成为富强民主文明和谐美丽的社会主义现代化强国而奋斗；(2）报告在第三部分，即“新时代中国特色社会主义思想和基本方略”中指出：新时代中国特色社会主义思想，明确坚持和发展中国特色社会主义，总任务是实现社会主义现代化和中华民族伟大复兴，在全面建成小康社会的基础上，分两步走在本世纪中叶建成富强民主文明和谐美丽的社会主义现代化强国；(3) 报告在第四部分，即“决胜全面建成小康社会，开启全面建设社会主义现代化国家新征程”中指出：第二个阶段，从二〇三五年到本世纪中叶，在基本实现现代化的基础上，再奋斗十五年，把我国建成富强民主文明和谐美丽的社会主义现代化强国。

回顾历史，社会主义建设的目标，从 1987 年党的十三大报告提出“为把我国建设成为富强、民主、文明的社会主义现代化国家而奋斗”的目标始，至 2007 年党的十七大报告提出“建设富强民主文明和谐的社会主义现代化国家”，再到党的十九大，30 年间，这个目标在整体上坚持了物质文明、政治文明和精神文明的内在统一。

统筹认知“走向生态文明新时代，建设美丽中国，是实现中华民族伟大复兴的中国梦的重要内容”和“建成富强民主文明和谐美丽的社会主义现代化强国”两个科学论断，表明生态文明、美丽中国、人与自然和谐对中国特色社会主义事业“五位一体”总体布局、“四个全面”战略布局的历史必然、时代应然，显示出生态文明建设在实现中华民族伟大复兴进程中的应有目标和发展动力。换言之，实现中华民族伟大复兴中国梦，也一定是实现中华民族伟大复兴的美丽中国梦，是建成富强民主文明和谐美丽的社会主义现代化强国梦。

八、要像保护眼睛一样保护生态环境，像对待生命一样对待生态环境

习近平同志指出："要像保护眼睛一样保护生态环境，像对待生命一样对待生态环境。"[①] 环境伦理是人们对待自然、对待环境的道德观、伦理观。我国古代思想家，依据整体论自然观，关注宇宙、关注生命、关注人生，创立了以"生"为核心的中国古典环境伦理学。它有着丰富而深刻的关于人与生命、关于人与自然关系的思想，其高度的包容性、稳定性和继承性，直到今日，仍然受到世界的广泛关注。现时代，中国建设和引领面向世界的生态文明新模式，理应具有自己的环境伦理模式和深入大众的环境伦理话语体系。从现实情况看，在现代公民社会和倡导法治社会的时代，我们强调人与自然的关系，体制机制、法律制度的声音要更多一些，也更强制和偏硬了一些。从法律是道德的最低底线这个认识出发，倡导环境伦理，显然要求我们以更高的道德关怀和人性力量，在认识人与自然关系的同时，又能将人与自然的关系，内化为人与人之间、人与自身生命体器官之间的相互依存、互相热爱的关系。事实上，人损害自然、破坏环境，既是对生态环境的损害，又必然对他

① 习近平：《在云南考察工作时的讲话》（2015 年 1 月 19—21 日），《人民日报》2015 年 1 月 22 日。

人的生存环境、他人的生命健康造成损害。因而，建设生态文明的环境伦理观，人道主义的发挥是一项极其崇高的历史使命。习近平同志关于生命与生态关系范畴的科学论断，是人类生态道德境界的提升、进步、完善和成熟的表现，是我们中国人自己的生态文明建设伦理观，表示马克思主义经典作家对待环境问题的道德态度，它也促使我们感到这个世界就是与我们的天然感受性相符的生态家园。

九、协同推进新型工业化、城镇化、信息化、农业现代化和绿色化

习近平同志指出："把生态文明建设融入经济、政治、文化、社会建设各方面和全过程，协同推进新型工业化、城镇化、信息化、农业现代化和绿色化。"[①]绿色化是以习近平同志为核心的党中央继"四化同步"战略以后确立的新的发展战略，并由此一并成为统筹经济社会和生态系统协调发展的"五化协同"战略。习近平同志在不同场合多次论及绿色化。从实践层面看，绿色化是对作为"五位一体"中国特色社会主义建设事业总布局重要组成的生态文明建设治国理念的具体化、可操作

① 《中共中央国务院关于加快推进生态文明建设的意见》，《人民日报》2015年5月6日。

化。换言之，绿色化是建设生态文明的重要路径、方法和手段，特别是从党的十八大以来，党中央反复强调将生态文明建设融入经济、政治、文化和社会建设的各方面来看，融入的过程就是“融化”。因而，习近平同志关于绿色化与“新四化”关系范畴的科学论断，既是方法论，又是大势观。我们要把绿色化内化为生态文明建设的重要路径和重要抓手，以大力发展绿色产业和绿色经济为引领，以实质创新、应用和推广一批绿色核心技术为突破口，以大力发展生态农业、生态工业和生态服务业为产业形态，全面构筑现代绿色产业发展新体系。这里特别需要指出，在G20杭州峰会上，绿色金融也首次被纳入会议议程，成为中国对G20又一独特贡献。因而，绿色化将使绿色产品、绿色金融和绿色消费成为生态服务业十分重要的组成部分。由此，我国国民经济发展的绿色化亦将成为新常态，从而为生态文明建设提供强大的绿色产业基础，推动实现人与自然和谐相处的生态文明社会形态的最终到来。

十、必须从全球视野加快推进生态文明建设——全球生态文明建设的重要参与者、贡献者、引领者

习近平同志指出：“必须从全球视野加快推进生态文明建设，把绿色发展转化为新的综合国力和国际竞争新

优势。”[①] 中国立场、世界眼光、人类胸怀，携手构建合作共赢、公平合理的气候变化治理机制，始终是习近平同志持续思考、探索和推动建设人类命运共同体的全球治理理念、重大生态理念。他不断指出，“建设生态文明关乎人类未来，国际社会应该携手同行，共谋全球生态文明建设之路”[②]；在G20杭州峰会上，习近平同志向世界宣布，中国将全面落实《2030年可持续发展议程》。

习近平同志在党的十九大报告第一部分，即“过去五年的工作和历史性变革”中指出：引导应对气候变化国际合作，成为全球生态文明建设的重要参与者、贡献者、引领者。这个表述，固然首先是在讲过去五年中国在生态文明建设领域，为应对气候变化所作出的贡献、所发挥的中国作为世界上最大发展中国家极其重要的作用。如联合国千年目标，中国执行效果最好，对全球的贡献最大。这是举世公认的事实。

两个不同科学论断相较，习近平同志在党的十九大报告中突出的亮点在于：一是“全球生态文明建设”；二是中国要成为全球生态文明建设的引领者。毫无疑问，

① 《中共中央国务院关于加快推进生态文明建设的意见》，《人民日报》2015年5月6日。

② 习近平：《携手构建合作共赢新伙伴，同心打造人类命运共同体》（2015年9月28日），载《十八大以来重要文献选编》（中），中央文献出版社2016年版，第697—698页。

生态文明建设是中国话语、中国原创、中国表达，现在越来越在世界范围内焕发出强大生机活力，不论是发达的工业化国家，还是尚未完成工业化的发展中国家，都意识到需要摒弃——或用生态文明加以改造和提升——工业文明下的伦理价值认知、生产方式、消费方式，以及与之相适应的体制机制。而中国的生态文明建设恰恰提供了系统的理论、方法和政策经验，更有中华传统文明的古老东方生态智慧。2015年达成、2016年生效的联合国《2030年可持续发展议程》和《巴黎协定》，实际上是推动实现工业文明向生态文明转型的议程。这都意味着当代中国，正以自己独特的“中国智慧”和“中国方案”，在世界上高高举起了社会主义生态文明建设的伟大旗帜。我们要以习近平同志“必须从全球视野加快推进生态文明建设”的科学论断为遵循，以海纳百川、有容乃大的包容性、开放性和博大性，着力统筹国际和国内、世界和民族、全球和区域两个大局，共同变压力为动力、化危机为生机，共同引领文明互容、互鉴和互通，从合作应对全球性生态危机进程中，加强与世界主要发达国家和相关发展中国家在新一轮科技、产业和能源技术革命中的合作中，积极参与和引领全球环境治理。

第三节　传承与复兴：中国梦与生态文明建设的历史使命①

中国梦是以实现国家富强、民族复兴、人民幸福和社会和谐为基本内涵，以历史的眼光、时代的变迁、文明的复兴，探求中国现代化发展历史镜鉴、人民幸福精神血脉、民族复兴根本力量的思想基石、制度机制和实践指南。中国梦励志人民共享人生出彩机会，总结历史、阐释当代、启蒙未来，指导从实践到认识和从认识到实践的全过程，是个人与社会、认识与实践的辩证统一，是文化思想性、哲学理论性和实践指导性、践行性的辩证统一。中国梦是中华文明历史演进的必然结果。中国梦深刻道出了中国近代以来历史发展的主题主线，深情地描绘了中华民族生生不息、不断求索、不懈奋斗的文明史。习近平同志指出，中国梦是在改革开放三十多年的伟大实践中走出来的，是在中华人民共和国成立六十多年的持续探索中走出来的，是在对中华民族五千多年悠久文明的传承中走出来的，具有深厚的历史渊源和广泛的现实基础。

① 黄承梁：《传承与复兴：论中国梦与生态文明建设》，《东岳论丛》2014 年第 9 期。

社会主义生态文明建设，以中国传统文化中固有的天人合一和中庸之道为其深厚的哲学基础与思想源泉，以深刻反思工业化沉痛教训为现实动因，以促进和实现人与自然的和谐共生为基本要义，努力要求推动形成人与自然和谐发展现代化建设新格局。社会主义生态文明从语境到文明意识，从理论与实践形态到中国特色社会主义建设“五位一体”总体布局、社会主义生态文明从不断解放和发展绿色社会生产力到建设美丽中国、实现中华民族永续发展，社会主义生态文明从深化生态文明体制改革到加快生态文明制度建设，从党的十七大到党的十八大，从党的十八大到党的十九大，一系列新思想、新理念、新实践、新体系，无不凸显出生态文明建设历史地位和战略地位的极端重要性。

中国梦与生态文明密不可分。中国梦昭示着生态文明建设的中华文明之根；中国梦承载着中华生态文明传统断裂的历史伤痛和时代阵痛；中国梦开启生态文明建设的新范式。积极投身生态文明建设，必将促成中华民族的绿色复兴，必将促成全世界可持续发展的新潮流，必将促成“我们这个世纪面临的大变革，即人类同自然的和解以及人类本身的和解”①。

---

① 《马克思恩格斯全集》第1卷，人民出版社1958年版，第603页。

一、中国梦具有深厚的历史渊源和广泛的现实基础

中国梦是在对中华民族五千多年悠久文明的传承中走出来的，具有深厚的历史渊源。英国学者马丁·雅克曾著述指出，中国的国家意识以及中国人的公民意识，并非觉醒于最近几百年，并非同西方国家一样觉醒于民族国家时期，而是觉醒于文明国家时期。① 比如，祖先祭拜的习俗、独特的国家观念、儒家价值观等，这些思想和观念都源自文明国家时期。换句话说，中国是由其作为文明国家的文明意识所塑造的。万物有所生，而独知守其根，中国梦的根在于中华五千年文明，中国生态文明的根也在于这五千年的文明之中。

五千年中国传统文化的主流，是儒释道三家。在它们的共同作用下，中华民族形成了自己独特的文化体系，那就是“中”“和”“容”，即中庸之中、和谐之和、包容之容。它们包含的崇尚自然的精神风骨、包罗万象的广阔胸怀而成为中华生态文明立足于世界的坚实基础。天人合一则既是中华传统文化的主体，又是中华生态文明的特质。老子说：“人法地，地法天，天法道，道法自然。”庄子说：“天地者，万物之父母也”；《易经》强调三才之道，将天、地、人并立起来，天道曰阴阳，

① ［英］马丁·雅克：《当中国统治世界：中国的崛起和西方世界的衰落》，张莉、刘曲译，中信出版社2010年版，第16页。

地道曰柔刚，人道曰仁义；相较于老庄天人观，儒家则介于二者之间，对自然和人为加以调和，其主张可谓中道。孔子说：“天何言哉？四时行焉，百物生焉。”《礼记》云：“诚者天之道也，诚之者，人之道也”，认为人只要发扬“诚”的德性，即可与天一致。汉儒董仲舒则明确提出：“天人之际，合而为一。”这既成为两千年来儒家思想的一个重要命题，又确立了中国哲学和中华传统的主流精神，显示出中国人特有的宇宙观和中国人独特的价值追求与思考问题、处理问题的特有方法，这或可谓之“中国性”。

在儒家那里，天人合一主要有两个向度：其一，由个体而达成的与天合一，它指每一个生命个体都可以通过自身德性修养、践履而上契天道，进而实现“上下与天地合流”或“与天地合其德”的天人合一；其二，天人合一是指人类群体与自然界和谐共处，它指天是人类生命的最终根源和最后归宿，人要顺天、应天、法天、效天、最终参天。[①] 这是生态文明的中华智慧。党的十八大要求建设美丽中国，树立尊重自然、顺应自然、保护自然的生态文明理念，将生态文明的基本内涵始终以中华民族深厚的文化积淀和历史智慧为底蕴，给人以希望、信心和力量。

① 颜炳罡：《天人合一与生态文明》，《齐鲁晚报》2013 年 4 月 9 日。

需要特别指出，天人合一是中国哲学的基本精神，也是中国哲学异于西方的最显著的特征。对此，冯友兰先生指出，西方人本质上是宗教的，中国人本质上是哲学的。西方文明传统是人类中心主义。人类中心主义在人与自然的价值关系中，认为只有拥有意识的人类才是主体，自然是客体。价值评价的尺度必须掌握和始终掌握在人类的手中，任何时候说到“价值”都是指“对于人的意义”，人类可以为满足自己的任何需要而毁坏或灭绝任何自然存在物。《圣经》中说：“凡地上的走兽和空中的飞鸟，都必惊恐、惧怕你们；连地上一切的昆虫并海里一切的鱼，都交付你们的手。”“凡活着的动物，都可以作你们的食物，这一切我都赐给你们，如同菜蔬一样”。这里找不到中华文化那种“赞天地之化育”“与天地参”“天地与我并生，而万物与我为一”的天人合一境界的半点影子。中国梦强调对中华民族五千多年悠久文明的历史传承，这种理念终将促使当代中国和世界生态文明建设向中华传统生态文明思想的复归，并使我们能够率先反思并超越自文艺复兴以来就主导人类的工业文明，成为生态文明的引领者。

二、中国梦凸显中国生态文明建设的曲折性和复杂性

中国梦是在对近代以来170多年中华民族发展历程中的深刻总结出来的，既记录着中华民族从饱受屈辱到赢得独立解放的非凡历史，又承载着基于中国生态文明传统断裂而形成的历史伤痛和时代阵痛。自1840年爆发鸦片战争、中国逐步沦为半殖民地半封建社会始，至1949年，整整109年，中华民族才迈出了赢得民族独立、人民解放的第一步。而这109年的历史，战争与战乱所形成的对祖国山河、土壤、林木、水源以及居住环境的生态灾难，特别是因日本侵华战争实施野蛮的“三光政策”，加之施放毒气和细菌战而形成的生态灾难，持续时间之长、规模之大、破坏之巨，在世界范围内都是罕见的；新中国成立后，面对国内经济的满目疮痍、一穷二白和西方列强的政治孤立、经济封锁，急于扭转乾坤的新中国领导人和勤劳朴实的中国人民，忽视科学、忽视客观自然规律和经济规律，“大跃进”、大炼钢铁，对森林、矿山和生态环境的破坏，也是灾难性的；改革开放以后至今日，尽管我国环境保护工作取得积极进展，生态文明建设上升为国家战略，但总体来看，我国经济增长方式还是过于粗放，能源资源消耗还是过快，资源支撑不住，环境容纳不下，社会承受不起，发

展难以持续。发达国家上百年工业化过程中分阶段出现的环境问题，在我国已经集中出现。长期积累的环境矛盾尚未解决，新的环境问题又陆续出现。主要污染物排放超过环境承载力，水、大气、土壤的污染相当严重，环境污染源日趋复杂。

从近代以来170多年中华民族发展历程中深刻总结出来的中国梦，揭示了一个基本事实，即当代中国的生态文明建设是在中华生态文明传统断裂的历史背景下负重传承。由中国梦所揭示出的这种当代中国建设生态文明历史基因的复杂性和极其特殊性，使得世界上没有一个国家的成功经验可以完全帮助中国解决当前的生态环境压力和所面临的严峻挑战。如何应对这种压力和挑战，理性地回应挑战，负责任地履行我们的使命，我们逐步认识到，西方工业文明的优势是规模化生产使人类商品迅速丰富，缺陷是对地球资源的消耗与污染急剧加速，而前者正是通常被人们忽视、却被西方国家主导了近二百年的所谓文明优势；后者却是由中国梦所承载的伤痛所导致的中国人对自身探索模式的自信缺失，同样也缺失对工业文明弊端充分批判的人文底气。其结果，如生态文明，在党的十七大要求树立生态文明意识后的相当一段时期内，我们缺乏对中国理直气壮建设生态文明正当性的论说，更不要说获得国际社会的应有认同。我们甚至一度逻辑错误地将生态文明归结为西方文明的成果，以中国的雾霾，以偏概全，全然否定生态文明建设的中国主张。这就存在很大的问题了。美国的汉学家白鲁恂（Lucian Pye）曾评论指出："中国不仅仅是一个民族国家，她更是一个有着民族国家身份的文明国家。中国现代史可以描述为是中国人和外国人把一种文明强行挤压进现代民族国家专制、强迫性框架之中的过程，这种机制性的创造源于西方世界自身文明的裂变。"① 西方工业文明的二百年，在人类文明发展的历史长河中，只是一个小小的阶段。恰如美国的政治理论学者马歇尔·伯曼所言："成为现代的就是发现我们自己身处这样的境况中，它允诺我们自己和这个世界去经历冒险、强大、欢乐、成长和变化，但同时又可能摧毁我们所拥有和所知道的一切。它把我们卷入这样一个巨大的旋涡之中，那儿有永恒的分裂和革新，抗争和矛盾，含混和痛楚"②；《共产党宣言》则描述了整个西方文化和道德的溃散："一切等级的和固定的东西都烟消云散了，一切神圣的东西都被亵渎了。"③ 探寻近代 170 多年中国梦所饱含的中华民族从饱受屈辱到赢得独立解放的非凡历史，理解中国梦所承载的基于中国生态文明传统历史断

---

① ［英］马丁·雅克：《当中国统治世界》，张莉、刘曲译，中信出版社 2010 年版，第 18 页。

② ［英］安东尼·吉登斯：《现代性的后果》，田禾译，译林出版社 2000 年版，第 80 页。

③ 《马克思恩格斯选集》第 1 卷，人民出版社 1995 年版，第 275 页。

裂而形成的时代阵痛，要求我们淡定而理性地看待中国生态文明建设的曲折性、复杂性和艰难性。中国的环境保护和生态文明建设，固然离历史性的转折还有很大的差距，但也断然不必妄自菲薄，相反，我们需要对中华传统能够重塑和重构当代中国和世界的生态文明给予必要的历史敬重和时代自信。

三、中国梦开启生态文明建设的新范式

中国梦是在改革开放近四十年的伟大实践中走出来的，是在中华人民共和国成立六十多年的持续探索中走出来的，具有广泛的现实基础。中国梦的本质内涵是实现国家富强、民族复兴、人民幸福和社会和谐。美国《侨报》曾评论指出：新中国诞生的最大推动力是当时拥有全世界人口四分之一、百余年来饱受列强欺凌、曾创造人类辉煌文明的民族要独立富强的内在要求，中共成功运用了适合中国的方式将之变为现实。当代中国，国民经济综合实力实现由弱到强、由小到大的历史性巨变，综合国力明显增强，国际地位和影响力显著提高；人民生活实现由贫困到总体小康的历史性跨越，正在向全面小康目标迈进；科技、文化、卫生、体育、环保等社会事业发生了根本性变化，经济与社会发展的协调性不断增强。现在，我们比历史上任何

时期都更接近中华民族伟大复兴的目标，比历史上任何时期都更有信心、有能力实现这个目标。梦在前方，路在脚下。空谈误国，实干兴邦。遵循实现中华民族伟大复兴中国梦所提供的理论范式，我们同样能够及时准确地把握中国梦所开启的建设生态文明的新范式，形成建设生态文明、实现中国梦的兼容合力、共同支点和行动指南。

（一）建设生态文明、实现中国梦，必须弘扬中华文明

在人类历史上，中华文明对人类文明作出了巨大的历史性贡献。建设生态文明，首先，在于使人类的思维方式从机械论分析性思维走向生态整体性思维，发展系统性、综合性、非线性、混沌性和开放性系统。这既是建设生态文明的时代共识，也是中国传统文化的优势。因提出耗散结构（Dissipative Structure）而获得诺贝尔化学奖的比利时科学家普利高津（I. Prigogine）先后于 1979 年、1986 年两次评价了中国传统文化整体性思维。他说，“我们正向新的综合前进，向新的自然主义前进。这个新的自然主义将把西方传统连同它对实验的强调和定量的表述，同以自发的自组织世界的观点为中心的中国传统结合起来”，“中国文化具有一种远非消极的整体和谐。这种整体和谐是各种对抗过程间的复杂平

衡造成的”；[①]“协同学”（Syneraetics）的创立者、美国富兰克林研究院迈克尔逊奖获得者、德国物理学家哈肯（H.Haken）说，“我认为协同学和中国古代思想在整体性观念上有很深的联系”[②]。进入21世纪，中华民族在建设生态文明中，重新获得复兴和崛起、实现中国梦的强大动力和生机，这是一个宝贵的战略机遇。中华文明的伟大智慧和强大生机，有能力从传统生态文明走向超越工业文明的现代生态文明。

（二）建设生态文明、实现中国梦，必须走中国特色社会主义道路

在当代世界，只有社会主义才是建设生态文明的社会制度基石。在中国共产党的领导下，中国特色社会主义建设实际上已经走向生态文明发展的道路。党带领人民在建设生态文明的实践中，发展低碳经济和循环经济，加强节能减排，建设资源节约型、环境友好型社会；努力推进经济、政治、文化、社会等领域各项改革成果的制度化，努力促成一整套同建设社会主义市场经济、社会主义民主政治、社会主义先进文化、社会主

① ［比利时］G.尼科里斯、I.普利高津：《探索复杂性》，罗久里、陈奎宁译，四川教育出版社2010年版，第2页。

② 傅伟勋：《从西方哲学到禅佛教》，生活·读书·新知三联书店1989年版，第223页。

义和谐社会相适应的生态文明建设的机制与制度。高举中国特色社会主义伟大旗帜，走中国人自己的道路，创造新的社会发展模式，生态文明的美好未来是可以期待的。

（三）建设生态文明，实现中国梦必须凝聚全民力量

中国梦是民族的梦，也是每个中国人的梦；中国人民从来没有如此迫切地对生态文明建设充满憧憬。喝上干净的水，呼吸上清洁的空气，吃上放心的食物，既是老百姓心中最朴素的心愿，又是心中最现实的生态梦想。人们的生活方式决定着人的存在状况，也决定着人与自然的关系。生态文明是人的全面发展的条件和基础，而人的发展状况则又影响着生态文明的状况。孟子曰："尽其心者，知其性也。知其性，则知天矣。存其心，养其性，所以事天也"。有梦想，有机会，有奋斗，一切美好的东西都能够创造出来的。每一个生命个体都可以通过自身德性修养、践履而上契天道，实现"上下与天地合流"的天人合一。我们必须以全民的智慧和行动，使祖国的天更蓝、地更绿、水更清、空气更洁净、人与自然的关系更和谐。

中国梦，生态文明梦，美丽中国梦……任何一个能够引领民族发展进步的梦想都是美好的，它是有根的

梦，它是现实的梦，它是未来的梦！建设生态文明，实现中华民族伟大复兴的中国梦，必须从中华文明五千多年的历史传承中“接着讲”，必须从在改革开放四十年的伟大实践和中华人民共和国成立六十多年的持续探索中走出来的中国经验中“照着讲”，必须从如何实现中华民族伟大复兴的行动战略中“想着讲”。为天地立心，为生民立命，为往圣继绝学，为万世开太平，这就是建设生态文明、实现中华民族伟大复兴的美丽中国梦。

第二章　社会主义生态文明观的核心理念与“绿水青山就是金山银山”论的历史性、时代性和哲学性

第一节　社会主义生态文明观的核心理念：绿水青山就是金山银山①

“绿水青山就是金山银山”是习近平同志关于生态文明建设最为著名的科学论断之一，是习近平同志反复倡导和赋予社会主义生态文明观的独特价值和理念追求。中国共产党第十九次全国代表大会将“必须树立和

① 黄承梁：《树立和践行绿水青山就是金山银山理念》，《中国环境报》2017年12月18日。

践行绿水青山就是金山银山的理念”写进了党代会报告，《中国共产党章程（修正案）》则在原总纲第18自然段中，增加了“增强绿水青山就是金山银山的意识”的表述。这都为“绿水青山就是金山银山”作为一种新的发展观、绿色思潮、历史方位提供了党的意志基石和价值取向。精准感受“绿水青山就是金山银山”科学论断所渗透出来的十分简洁明快而又雷霆万钧的精义神韵和风骨风尚，内化于心、外化于行，需要在溯本清源、原汁原味学习和领会中把握精神实质、上升为新的话语体系和理论体系。

一、“绿水青山就是金山银山”理念的渊源

习近平同志数十次强调“绿水青山就是金山银山”。这不仅仅体现在党的十八大以来、党的十九大上习近平同志关于生态文明建设的重要论述中，也体现在党的十八大以前习近平同志主政地方时期的有关论述中，逻辑非常清晰，主线非常明确，体系非常完善。

最早提出关系范畴。2004年7月26日，习近平同志在浙江省“千村示范、万村整治”工作现场会上讲话指出：“实践证明，‘千村示范、万村整治’作为一项‘生态工程’，是推动生态省建设的有效载体，既保护了‘绿水青山’，又带来了‘金山银山’，使越来越多的村庄成

了绿色生态富民家园，形成经济生态化、生态经济化的良性循环。”①

最早提出科学论断。2005年8月15日，习近平同志在浙江余村考察时听取有关情况后提出“绿水青山就是金山银山”。浙江安吉县有一个被称为“八山一水一分田”、村域面积4.86平方公里的村子——余村，在20世纪90年代，因为山里优质的石灰岩资源，使该村成为安吉县规模最大的石灰石开采区。在村民享受安吉所谓“最富裕村”称号的同时，生态账却是一塌糊涂。在转型关口，习近平同志在这次考察中指出：“我们过去讲，既要绿水青山，又要金山银山。其实，绿水青山就是金山银山。”②仅仅9天之后，8月24日，习近平同志在《浙江日报》头版的特约栏目“之江新语”发表文章，取题为《绿水青山也是金山银山》。在该文中，习近平同志指出，“如果能够把生态环境优势转化为生态农业、生态工业、生态旅游等生态经济的优势，那么绿水青山也就变成了金山银山”③。

最早阐明辩证关系。2006年3月8日，习近平同志在中国人民大学发表演讲。在这个演讲中，习近平同

① 《千村示范 万村整治：浙江省统筹城乡发展纪实》，《人民日报》2004年8月10日。

② 郭占恒：《“绿水青山就是金山银山”的重大理论和实践意义》，《杭州日报》2015年5月19日。

③ 习近平：《绿水青山也是金山银山》，《浙江日报》2005年8月24日。

志系统论述了“绿水青山”和“金山银山”的关系范畴。他说，“第一个阶段是用绿水青山去换金山银山”，对环境资源的承载力不考虑或者鲜有考虑；“第二个阶段是既要金山银山，但是也要保住绿水青山”，基于经济发展与资源、环境和生态问题之间的矛盾显现，人们意识到“要留得青山在，才能有柴烧”；“第三个阶段是认识到绿水青山可以源源不断地带来金山银山，绿水青山本身就是金山银山”“常青树就是摇钱树”“生态优势变成经济优势”，从而形成“浑然一体、和谐统一”的关系。从整体看，这三个阶段是经济增长方式转变的过程，是发展观念不断进步的过程，也是人和自然关系不断调整、趋向和谐的过程。①

二、“绿水青山就是金山银山”理念的发展

党的十八大以来，习近平同志在不同场合，强调和论述“绿水青山就是金山银山”的理念二十余次，从理论和实践层面科学完整地回答了绿水青山何以“就是”金山银山，“两山论”何以成为统筹经济发展与环境保护两者关系的科学论断，“两山论”何以成为当代中国做全球生态文明建设重要参与者、贡献者、引领者的哲

① 习近平：《从“两座山”看生态环境》，见《之江新语》，浙江人民出版社2007年版，第166页。

学社会科学话语体系。

必须树立和坚守“绿水青山就是金山银山”的发展理念。一是绿水青山“本身就是”金山银山。2016年1月18日，习近平同志又在省部级主要领导干部学习贯彻党的十八届五中全会精神专题研讨班上讲话指出：“生态环境没有替代品，用之不觉，失之难存。我讲过，环境就是民生，青山就是美丽，蓝天也是幸福，绿水青山就是金山银山”，必须“要树立大局观、长远观、整体观，不能因小失大、顾此失彼、寅吃卯粮、急功近利”。[①] 二是历史经验所证明、经验教训值得人类深思和反省。2017年1月18日，习近平同志在联合国日内瓦总部发表题为《共同构建人类命运共同体》的主旨演讲时指出：“工业化创造了前所未有的物质财富，也产生了难以弥补的生态创伤。我们不能吃祖宗饭、断子孙路，用破坏性方式搞发展。绿水青山就是金山银山。我们应该遵循天人合一、道法自然的理念，寻求永续发展之路。”[②] 在人类发展史上特别是工业化进程中，包括我国快速工业化进程在内，都曾发生过大量破坏自然资源和生态环境的事件，酿成了惨痛教训。我们绝不能以牺

① 习近平：《在省部级主要领导干部学习贯彻党的十八届五中全会精神专题研讨班上的讲话》（2016年1月18日），人民出版社2016年版，第19页。

② 习近平：《共同构建人类命运共同体》（2017年1月18日），《人民日报》2017年1月20日。

牲生态环境为代价换取经济的一时发展。三是“美丽经济”印证绿水青山就是金山银山。2015 年 5 月 25 日至 27 日，习近平同志在浙江调研。在了解到当地村民利用自然优势发展乡村旅游等特色产业，收入普遍比过去明显增加、日子越过越好时，习近平同志指出：“这里是一个天然大氧吧，是‘美丽经济’，印证了绿水青山就是金山银山的道理。”[①] 四是中国特色社会主义进入新时代。2014 年 3 月 7 日，习近平同志在参加十二届全国人大二次会议贵州代表团审议时指出：“为什么说绿水青山就是金山银山？‘鱼逐水草而居，鸟择良木而栖’。如果其他各方面条件都具备，谁不愿意到绿水青山的地方来投资、来发展、来工作、来生活、来旅游？从这一意义上说，绿水青山既是自然财富，又是社会财富、经济财富”。[②]

必须把“绿水青山就是金山银山”作为社会主义生态文明观的最重要的价值观、发展观。一是以“绿水青山就是金山银山”统筹生态环境保护和发展的关系。2014 年 3 月 7 日，习近平同志在参加十二届全国人大二次会议贵州代表团审议时指出：“我说的绿水青山和

① 《习近平在浙江调研时强调：干在实处永无止境　走在前列要谋新篇》，《人民日报》2015 年 5 月 28 日。

② 习近平：《在参加十二届全国人大二次会议贵州代表团审议时的讲话》（2014 年 3 月 7 日），载《习近平关于社会主义生态文明建设论述摘编》，中央文献出版社 2017 年版，第 23 页。

金山银山的关系，是实现可持续发展的内在要求，也是我们推进现代化建设的重大原则。”① 生态文明建设，归根结底，在于实现人与自然的和谐共生，在于正确处理人与自然的关系。经济发展不应是对资源和生态环境的竭泽而渔，生态环境保护也不应是舍弃经济发展的缘木求鱼，而是要坚持在发展中保护、在保护中发展，实现经济社会发展与人口、资源、环境相协调。二是把“绿水青山就是金山银山”作为发展观，引领绿色发展。2016 年 1 月 18 日，习近平同志在省部级主要领导干部学习贯彻党的十八届五中全会精神专题研讨班上讲话指出：“绿色发展，就其要义来讲，是要解决好人与自然和谐共生问题。”② 绿色发展，是当今时代科技革命和产业变革的方向，是最有前途的发展领域；坚持绿色发展，是一项长期、复杂、艰巨的历史任务，首先要从转变发展观的高度上认识其革命性意义。要推动自然资本大量增殖，让良好生态环境成为人民生活的增长点、成为新时代中国特色社会主义经济建设的内在动力。

必须把“绿水青山就是金山银山”理念落实到决胜全面建成小康社会的新征程中。一是探索一条生态

---

① 习近平：《在参加十二届全国人大二次会议贵州代表团审议时的讲话》（2014 年 3 月 7 日），载《习近平关于社会主义生态文明建设论述摘编》，中央文献出版社 2017 年版，第 22 页。

② 习近平：《在省部级主要领导干部学习贯彻党的十八届五中全会精神专题研讨班上的讲话》（2016 年 1 月 18 日），人民出版社 2016 年版，第 16 页。

脱贫的新路子。2015 年 11 月 27 日，习近平同志在中央扶贫开发工作会议上指出："一些地方生态环境基础脆弱又相对贫困，要通过改革创新，探索一条生态脱贫的新路子，让贫困地区的土地、劳动力、资产、自然风光等要素活起来，让资源变资产、资金变股金、农民变股东，让绿水青山变金山银山，带动贫困人口增收。"① 不少地方通过发展旅游扶贫、搞绿色种养，找到一条建设生态文明与发展经济相得益彰的脱贫致富路子，正所谓思路一变天地宽。二是新农村建设要记得住乡愁。2013 年 12 月 23 日，习近平同志在中央农村工作会议上讲话指出："搞新农村建设要注意生态环境保护，注意乡土味道，体现农村特点，保留乡村风貌，不能照抄照搬城镇建设那一套，搞得城市不像城市、农村不像农村。"②

必须使"绿水青山就是金山银山"成为与当代中国"全球生态文明建设重要参与者、贡献者、引领者"定位相一致的新的话语、新的表达。一是使"绿水青山就是金山银山"理念逐步显现出比可持续发展理念更现代、更形象、更代表人类新文明形态的话语。2016 年 9 月 3 日，

① 习近平：《在中央扶贫开发工作会议上的讲话》(2015 年 11 月 27 日)，载《习近平关于社会主义生态文明建设论述摘编》，中央文献出版社 2017 年版，第 30 页。

② 习近平：《在中央农村工作会议上的讲话》(2013 年 12 月 23 日)，载《十八大以来重要文献选编》(上)，中央文献出版社 2014 年版，第 683 页。

在二十国集团工商峰会开幕式上，习近平同志指出：“我多次说过，绿水青山就是金山银山，保护环境就是保护生产力，改善环境就是发展生产力。这个朴素的道理正得到越来越多人们的认同。”[①] 二是实现建设一个清洁美丽的世界。2016 年 11 月 19 日，习近平同志在亚太经合组织工商领导人峰会上发表的主旨演讲中指出，“绿水青山就是金山银山，我们将坚持可持续发展战略，推动绿色低碳循环发展，建设天蓝、地绿、水清的美丽中国”。[②]

三、“绿水青山就是金山银山”蕴涵的山水情怀

在持续深入学习习近平同志“绿水青山就是金山银山”科学论断的过程中，引起我们极大关注和心灵受到很大震撼的，一是习近平同志在本世纪初，何以较早且首先提出了“绿水青山就是金山银山”？二是在绿色发展还没有成为时代主旋律、社会唯 GDP 至上发展观还很强势的时代，习近平同志何以回答绿水青山“就是”金山银山？三是习近平同志何以从一开始就赋予“绿水青山

① 习近平：《中国发展新起点 全球增长新蓝图——在二十国集团工商峰会开幕式上的主旨演讲》，《人民日报》2016 年 9 月 4 日。

② 《深化伙伴关系 增强发展动力——习近平在亚太经合组织工商领导人峰会上的主旨演讲》，《人民日报》2016 年 11 月 21 日。

就是金山银山”科学论断以辩证属性，并使其从其诞生起，就已经是抽象的哲学范畴？现在，经过努力，我们在习近平同志的原著和讲话、论述中找到这样几个答案。

习近平同志俯察品类之盛的山水仰望。一是山水林田湖是一个生命共同体。2013 年 11 月 12 日，习近平同志在《关于〈中共中央关于全面深化改革若干重大问题的决定〉的说明》中指出：“山水林田湖是一个生命共同体，人的命脉在田，田的命脉在水，水的命脉在山，山的命脉在土，土的命脉在树。”[①]二是现代化不等于没山没水。2013 年 12 月 12 日，习近平同志在中央城镇化工作会议就山水观发表许多经典论述：“我们要认识到，在有限的空间内，建设空间大了，绿色空间就少了”[②]；“要让城市融入大自然，不要花大力气去劈山填海，很多山域、水城很有特色，完全可以依托现有山水脉络等独特风光，让居民望得见山、看得见水、记得住乡愁”[③]；“许多城市提出生态城市口号，但思路却是大树进城、开山造地、人造景观、填湖填海等。这不是

① 《关于〈中共中央关于全面深化改革若干重大问题的决定〉的说明》（2013 年 11 月 9 日），载《十八大以来重要文献选编》（上），中央文献出版社 2014 年版，第 507 页。

② 习近平：《在中央城镇化工作会议上的讲话》（2013 年 12 月 12 日），载《十八大以来重要文献选编》（上），中央文献出版社 2014 年版，第 603 页。

③ 习近平：《在中央城镇化工作会议上的讲话》（2013 年 12 月 12 日），载《十八大以来重要文献选编》（上），中央文献出版社 2014 年版，第 603 页。

建设生态文明，而是破坏自然生态”。[①] 三是一定做好治山理水、显山露水的文章。2016 年 2 月 1 日至 3 日，习近平同志在江西调研。他指出：“绿色生态是最大财富、最大优势、最大品牌，一定要保护好，做好治山理水、显山露水的文章，走出一条经济发展和生态文明水平提高相辅相成、相得益彰的路子。”[②]

习近平同志对中华先贤“智者乐水，仁者乐山”的人文景仰和传承。一是“我们的先人们早就认识到了生态环境的重要性”。2015 年 12 月 20 日，习近平同志在中央城市工作会议上的讲话指出：“山水林田湖是城市生命体的有机组成部分，不能随意侵占和破坏。这个道理，2000 多年前我们的古人就认识到了。《管子》中说：‘圣人之处国者，必于不倾之地，而择地形之肥饶者。乡山，左右经水若泽。’”[③]2016 年 1 月 18 日，习近平同志在省部级主要领导干部学习贯彻党的十八届五中全会精神专题研讨班上讲话时，又引用《论语》“子钓而不纲，弋不射宿”和荀子“草木荣华滋硕之时则斧斤不入山林，

---

① 习近平：《在中央城镇化工作会议上的讲话》（2013 年 12 月 12 日），载《十八大以来重要文献选编》（上），中央文献出版社 2014 年版，第 603 页。

② 习近平：《在江西考察工作时的讲话》（2016 年 2 月 1—3 日），《人民日报》2016 年 2 月 4 日。

③ 习近平：《在中央城市工作会议上的讲话》（2015 年 12 月 20 日），载《习近平关于社会主义生态文明建论论述摘编》，中央文献出版社 2017 年版，第 66—67 页。

不夭其生，不绝其长也”等典故说明，“这些关于对自然要取之以时、取之有度的思想，有十分重要的现实意义。”① 二是古为今用、推陈出新的运用自如。2013年12月23日，习近平同志在中央农村工作会议上，在谈到新农村建设要注意生态环境保护、慎砍树、禁挖山、不填湖时，先后引用了苏东坡“云散月明谁点缀？天容海色本澄清”、毛泽东同志“我欲因之梦寥廓，芙蓉国里尽朝晖”、范仲淹“长烟一空，皓月千里，浮光跃金，静影沉璧”、沈从文《边城》《萧萧》等关于自然美景的诗词描述或风光描写。②

习近平同志强烈的山水忧患意识。一是始终尊重、尊崇“生态兴则文明兴，生态衰则文明衰”的历史规律。2016年8月24日，习近平同志在青海考察工作结束时讲话指出：“在人类发展史上特别是工业化进程中，曾发生过大量破坏自然资源和生态环境的事件，酿成了惨痛教训”；“三江源地区有的县，30多年前水草丰美，但由于人口超载、过度放牧、开山挖矿等原因，虽然获得过经济超速增长，但随之而来的是湖泊锐减、草场退化、沙化加剧、鼠害泛滥，最终牛

---

① 习近平：《在省部级主要领导干部学习贯彻党的十八届五中全会精神专题研讨班上的讲话》（2016年1月18日），人民出版社2016年版，第19页。

② 习近平：《在中央农村工作会议上的讲话》（2013年12月23日），载《十八大以来重要文献选编》（上），中央文献出版社2014年版，第683页。

羊无草可吃。古今中外的这些深刻教训，一定要认真吸取，不能再在我们手上重犯。”① 二是一定要从根本上扭转我国生态环境恶化的趋势。2017 年 5 月 26 日，习近平同志在十八届中央政治局第四十一次集体学习时指出：“我对生态环境保护方面的问题看得很重”，“我之所以要盯住生态环境问题不放，是因为如果不抓紧、不紧抓，任凭破坏生态环境的问题不断产生，我们就难以从根本上扭转我国生态环境恶化的趋势，就是对中华民族和子孙后代不负责任。”② 三是一定要以系统工程思路抓生态建设主要矛盾。2016 年 7 月 20 日，习近平同志在宁夏考察工作结束时的讲话指出：“我要特别强调黄河保护问题，黄河是中华民族的母亲河。现在，黄河水资源利用率已高达百分之七十，远超百分之四十的国际公认的河流水资源开发利用率警戒线，污染黄河事件时有发生，黄河不堪重负。”③2016 年 8 月 24 日，习近平同志在青海考察工作结束时讲话指出，“祁连山作为‘青海北大门’，其冰川雪山融化形

① 习近平：《在青海省考察工作结束时的讲话（节选）》（2016 年 8 月 24 日），载《习近平关于社会主义生态文明建设论述摘编》，中央文献出版社 2017 年版，第 13—14 页。

② 习近平：《在十八届中央政治局第四十一次集体学习时的讲话》（2017 年 5 月 26 日），载《习近平关于社会主义生态文明建设论述摘编》，中央文献出版社 2017 年版，第 15 页。

③ 习近平：《在宁夏考察工作时的讲话》（2016 年 7 月 20 日），载《习近平关于社会主义生态文明建设论述摘编》，中央文献出版社 2017 年版，第 73 页。

成的河流不但滋润灌溉着青海祁连山地区，而且滋润灌溉着甘肃、内蒙古部分地区，被誉为河西走廊的‘天然水库’”。青海省重要的生态地位决定了它在生态保护上的重大责任，“保护好三江源，保护好‘中华水塔’，是青海义不容辞的重大责任，来不得半点闪失。”①

习近平同志山水观的自然辩证法。一是山水是人类生命存续和发展的载体和襁褓，生态衰则文明衰。2016年8月24日，习近平同志在青海考察工作结束时讲话指出：“生态环境是人类生存最为基础的条件，是我国持续发展最为重要的基础。‘天育物有时，地生财有限。’生态环境没有替代品，用之不觉，失之难存。人类发展活动必须尊重自然、顺应自然、保护自然，否则就会遭到大自然的报复。这是规律，谁也无法抗拒。”②二是必须坚持山水林田湖是一个生态共同体的系统思想。2014年3月14日，习近平同志在中央财经领导小组第五次会议上指出：“全国绝大部分水资源涵养在山区、丘陵和高原，如果砍光了林木，山就

① 习近平：《在青海省考察工作结束时的讲话（节选）》（2016年8月24日），载《习近平关于社会主义生态文明建设论述摘编》，中央文献出版社2017年版，第73—74页。

② 习近平：《在青海省考察工作结束时的讲话（节选）》（2016年8月24日），载《习近平关于社会主义生态文明建设论述摘编》，中央文献出版社2017年版，第13页。

变成了秃山，也就破坏了水，水就变成了洪水，洪水裹挟泥沙俱下，形成水土流失，地也就变成了不毛之地。”[①] 在谈到治水的问题时，习近平同志说：“治水也要统筹自然生态的各要素，不能就水论水。要用系统论的思想方法看问题，生态系统是一个有机生命躯体，应该统筹治水和治山、治水和治林、治水和治田、治山和治林等。”[②] 三是生态就是资源、生态就是生产力。2006 年 9 月 15 日，习近平同志在《浙江日报》发表文章指出，“重蹈‘先污染后治理’或‘边污染边治理’的覆辙，最终将使‘绿水青山’和‘金山银山’都落空。……实现由‘环境换取增长’向‘环境优化增长’的转变，由经济发展与环境保护的‘两难’向两者协调发展的‘双赢’的转变……才能既培育好‘金山银山’，成为我省的经济增长点，又保护好‘绿水青山’”。[③]2016 年 5 月 23 日，习近平同志在观看伊春生态经济开发区规划展示厅时强调：“国有重点林区全面停止商业性采伐后，要按照绿水青山就是金山银山、冰天雪地也是金

① 习近平：《在中央财经领导小组第五次会议上的讲话》（2014 年 3 月 14 日），载《习近平关于社会主义生态文明建设论述摘编》，中央文献出版社 2017 年版，第 55—56 页。

② 习近平：《在中央财经领导小组第五次会议上的讲话》（2014 年 3 月 14 日），载《习近平关于社会主义生态文明建设论述摘编》，中央文献出版社 2017 年版，第 56 页。

③ 秦光荣：《改善生态环境就是发展生产力——深入学习贯彻习近平同志关于生态文明建设的重要论述》，《人民日报》2014 年 1 月 16 日。

山银山的思路，摸索接续产业发展路子。”①

第二节 “绿水青山就是金山银山”论的历史性②

习近平同志关于“绿水青山就是金山银山”的思想，在理论界及官方不同场合、社会各界，概括形成为涵盖“绿水青山”和“金山银山”两个基本范畴的“两山论”、工业文明转向生态文明“条件论”“实现论”的科学论断。走向社会主义生态文明新时代，在超越资本逻辑的基础上，结合习近平新时代中国特色社会主义思想的全貌，我们深切地意识到，习近平同志的“绿水青山就是金山银山”论，有时代性、有历史性，更有哲学性；任何一项特性，又无不充满着“发展与保护”观、“生态与文明”观、“人道主义与自然主义”观等马克思主义经典思想。将生态文明建设的时代应然性、历史必然性加以哲学思考，可以得出结论：习近平同志的“绿水青山就是金山银山”，是生态文明建设的核心价值，是当代中国和世

① 《习近平总书记考察黑龙江　首站到伊春》，《人民日报》2016年5月24日。

② 黄承梁：《以人类纪元史观范畴拓展生态文明认识新视野——深入学习习近平同志“金山银山”与“绿水青山”论》，《自然辩证法研究》2015年第2期。

界生态文明建设的自然辩证法，为从根本上科学认知生态文明、践行生态文明提供了价值遵循和实践范式。

当代中国积极建设生态文明，其首要解决的问题，实质是如何正确处理经济发展与环境保护的关系。习近平同志指出：“我们既要绿水青山，也要金山银山。宁要绿水青山，不要金山银山，而且绿水青山就是金山银山。”① 这个著名的“两座山”“三段论”，为我们从根本上厘清和界定经济发展与环境保护的关系提供了新的思维范式。从唯物史观范畴出发，以“人类纪元——人类世——生态纪”的人类与自然关系的三个史观维度，与习近平同志“绿水青山就是金山银山”三段论遥相论证，有助于我们以更宽广的视野、更博大的胸怀认识到生态文明建设是不以人类意志为转移的客观存在，进而实现“绿水青山就是金山银山”的发展新常态。

一、人类纪：既要绿水青山，也要金山银山

地球已经有46亿年的历史。地质学家把地球史分为五个地质年代，代以下又分为纪和世。新生代分为三个纪：老第三纪、新第三纪和第四纪。第四纪以人类产生为标志，从300万年前开始，又称为“人类纪”。从

① 习近平：《在哈萨克斯坦纳扎尔巴耶夫大学演讲时的答问》（2013年9月7日），《人民日报》2013年9月8日。

文化与文明的角度看，“人类文化”早于“人类文明”，有了人就有了人类文化，有300万—700万年的历史，但“人类文明”则晚得多。“文明”与“蒙昧”和“野蛮”相对应，指人类社会发展中的进步状态，是人类社会发展到高级阶段的产物。它的主要标志是：第一，文字的发明。美国学者摩尔根说：“认真地说来，没有文字记载就没有历史，也就没有文明。”第二，铁的冶炼和铁器的使用。恩格斯就此指出，“一切文化民族都在这个时期经历了自己的英雄时代：铁剑时代，但同时也是铁犁和铁斧的时代。铁已经在为人类服务”。他又说：“从铁矿的冶炼开始，并由于文字的发明及其应用于文献记录而过渡到文明时代。”①

而即使这短暂的人类文明，也曾长期停留在蒙昧时代。这个时代，人与自然没有决然的界限，人基本上以动物的生存方式适应自然，过着如动物一样茹毛饮血的生活。马克思对此曾作过阐述，他说：“动物实际生活中唯一的平等形式，是同种之间的平等。但是，这是种本身的平等，不是属的平等。动物的属只在不同种动物的敌对关系中表现出来。这些不同种的动物在相互竞争中来确立自己的特别属性。自然界在猛兽的胃里为不同种的动物设立了一个结合的场所，合并的熔炉和相互联系的联络站。”②经

① 《马克思恩格斯选集》第4卷，人民出版社1995年版，第163页。
② 《马克思恩格斯全集》第1卷，人民出版社1956年版，第142—146页。

过与自然界进行长期艰苦卓绝的斗争，随着人对自然的胜利，人类才把自己同动物和自然界分离出来，“明于天人之分”，并逐步产生以自我为中心的自觉意识。

我国古代哲学家荀子以“有用为人”和“制天命而用之”的思想，表达了人类的这样一种自觉意识的觉醒、明于天人之分的进步。他说，“天地者，生之始也”。但人为“天下贵”，“水火有气而无生，草木有生而无知，禽兽有知而无义，人有气有生有知亦且有义，故最为天下贵也。力不若牛，走不若马，而牛马为用，何也？曰：人能群，彼不能群也。人何以能群？曰：分。分何以能行？曰：义。故义以分则和，和则一，一则多力，多力则强，强则胜物，故宫室可得而居也。故序四时，裁万物，兼利天下，无他故焉，得之分义也。”①

法国哲学家列维－布留尔1910年发表《原始思维》，描述了远古时代的人类的表象思维模式。他说，“这些表象在该集体中是世代相传；它们在集体中的每个成员身上留下深刻的烙印，同时根据不同情况，引起该集体中每个成员对有关客体产生尊敬、恐惧、崇拜等等感情”；“原始思维专门注意神秘原因，它无处不感到神秘原因的作用。”② 从中，我们也可得到一些启发。

① 荀况：《荀子》，中国纺织出版社2007年版，第123页。

② ［法］列维－布留尔：《原始思维》，丁由译，商务印书馆1981年版，第8页。

二、人类世：宁要绿水青山，不要金山银山

工业文明的社会，是300年前开始“人类世”。人类运用科学技术的伟大力量发展社会生产力，运用现代化的社会物质生产，大举向自然进攻，向自然索取，创造了巨大的物质和精神财富。马克思指出：“蒸汽、电力和自动走锭纺纱机甚至是……危险万分的革命家……（它）产生了以往人类历史上任何一个时代都不能想象的工业和科学的力量”①。“资产阶级在它不到一百年的阶级统治中，创造了比过去各代加起来还更多更大的生产力。”“自然力的征服，机器的采用，化学在工业和农业中的应用，轮船的行驶，铁路的通行，电报的使用，整个大陆的开垦，河川的通航，仿佛用法术从地下呼唤出来的大量人口，——过去哪一个世纪能够料想到有这样的生产力潜伏在社会劳动里呢?”②

这就是人类学的自然界。马克思高度肯定了工业文明的伟大成就，指出是工业文明开创了真正意义上的人类学的自然界。他说：“工业是自然界同人之间，因而也是自然科学同人之间的现实的历史关系。因此，如果把工业看成人的本质力量的公开的展示，那么，自然

① 《马克思恩格斯文集》第2卷，人民出版社2009年版，第579页。

② ［德］马克思、恩格斯：《共产党宣言》，成仿吾译，人民出版社1978年版，第29—30页。

界的人的本质，或者人的自然的本质，也就可以理解了。”他接着说：“在人类历史中即在人类社会的产生过程中形成的自然界是人的现实的自然界；因此，通过工业——尽管以异化的形式——形成的自然界，是真正的、人类学的自然界。”①

德国大气化学家、诺贝尔奖获得者保罗·克鲁岑将这个“人类学的自然界”解释为人类的一个新地质时代——“人类世”时代。克鲁岑认为，地球地质的人类世，开端于1784年，即瓦特发明蒸汽机的那一年。但是，人类世地质时代是“地球新突变期”，是“人类与自然界的逆向巨变”，即“地球结构畸变、功能严重失衡的新突变期”。地球新突变对人类生存提出严重挑战。② 在整个地球史上，包括人类世以前的地质时期，地球的自然价值朝不断增值的方向发展，工业革命以来，人类过度开发利用乃至掠夺自然价值，导致自然价值严重透支，全球性生态危机表明，自然价值已经朝负值的方向发展。这是人类与自然界的逆向巨变。这是地球新突变的主要机制。

在这种情况下，共同拥有一个地球，生活在“地球村”中的人类，开始反思工业文明给人类带来的恶果，

---

① 《马克思恩格斯全集》第42卷，人民出版社1979年版，第128页。

② 黄承梁、余谋昌：《生态文明：人类社会全面转型》，中共中央党校出版社2010年版，第64页。

并提出相应的应对策略：一方面，用“金山银山”来反哺“绿水青山”，投入大量人力和物力来挽救已经十分脆弱的生态系统；另一方面，抓住经济全球化初期的一些不足，将高污染、高耗能的工业转移到其他地区，通过破坏其他地区的“绿水青山”来维持自己的“金山银山”。这种掩耳盗铃式的做法的确起到了短期的效果，但长期来看，这是搬起石头砸自己的脚，对人类的可持续发展没有任何的好处。

三、生态纪：绿水青山就是金山银山

工业文明以后，一个人类新的文明时代要到来。这是一个怎样的时代？美国生态哲学家赫尔曼·格林认为，人类将进入“生态纪元”时代。他说，“我们需要创造一个走向生态纪元的社会”；“推崇生态纪元的人，提倡一种新型的人类与地球的关系，地球共同体的整体安宁是其根本的关注。生态纪元的未来可以解决这两者之间所产生的紧张状态。”[①] 这两者之间，是人类文明的一个转折，一个新起点。在这个转折点上产生新的文明。这时，旧的衰退中的文明——工业文明，新的上升中的文明——生态文明，两者相交将使世界发生一次根

① ［美］赫尔曼·F. 格林：《生态社会的召唤》，《自然辩证法研究》2006 年第 6 期。

本性的变革。美国物理学家卡普拉指出：“随着这一转折点的逼进，认识到这种量的发展变化不可能被短期的政治活动所阻止，就给我们提供了对未来的最强有力的希望。”①

这个希望，就是习近平同志著名的“绿水青山就是金山银山”论。被誉为“近世以来最伟大的历史学家”的英国著名历史学家汤因比认为，人类史上有两个主要过渡时期。人类自我意识的产生，表示人类在生物学方面的提升获得成功，这是第一个过渡时期；现在人类面临第二个过渡时期，即向“新意识的过渡”。它以人的新意识的产生为特征，这种新意识是超越人类中心主义之后，以“人类与自然界和谐发展”为目标的意识，以承认“自然界的价值”为关键的生态意识或环境意识。这就是全新的世界观、价值观——生态文明观。

生态文明观的实践形态，就是以生态产业为社会的中心产业，它不否定农业、工业和第三产业，而是以人与自然和谐发展为中心、以“自然—社会—经济”复杂巨系统的动态平衡为目标、以生态系统中物质循环能量转化与生物生长的规律为依据发展生态产业，形成“生态农业—生态工业—生态信息业—生态服务业”的新型国民经济结构。在亦走向后工业文明时

① ［美］弗·卡普拉：《转折点：科学·社会·兴起中的新文化》，冯禹译，中国人民大学出版社1989年版，第316—317页。

代的当代中国，发展新能源、新工业，加快构建绿色生产体系，为时代急需。这不仅是生态文明建设的新思路和新方向，也是国家经济长远发展的新机遇和新动力。

深刻把握习近平同志“金山银山”与“绿水青山”论，要坚持辩证看、全面看，进而解决怎么办。从历史角度看，习近平同志的“金山银山”与“绿水青山”论，使我们能够认识到生态文明是工业文明发展到一定阶段的产物，是人类社会发展的必然，是不以人类意志为转移的客观存在，中华民族要有能力在21世纪率先点燃生态文明之光，为人类文明作出贡献。

第三节　“绿水青山就是金山银山”论的时代性

习近平同志“绿水青山就是金山银山”论的时代性，表明我们“既要绿水青山，也要金山银山。宁要绿水青山，不要金山银山，而且绿水青山就是金山银山”的三段论，是新中国成立六十多年特别是改革开放近四十年来发展生动写照、阶段跨越的三个过程。全社会都要正确看待这些过程，理性而淡定，不妄自菲薄，但更要努力有所作为，清醒认识保护生态环境、治理环境污染的紧迫性和艰巨性，清醒认识加强生态文明建设的重要性和必要性，真正下决心把环境污染治理好、把生态环境建设好，为人民创造良好生产生活环境；坚定走绿色发展、低碳发展和循环发展之路，走生产发展、生态良好、生活幸福文明发展之路，创造绿水青山的金山银山。

一、发展始终是党执政兴国的第一要务：金山银山的“人为美”

近现代以来，由于贫穷落后，中华民族近现代史所承受的磨难和发展的艰辛，让处在中华民族伟大复兴中国梦历史时刻的每一个中国人都铭心刻骨，对发展的渴求尤其迫切。改革开放以来的近四十年，工业化、城镇化进程突飞猛进，经济社会发展、综合国力和国际影响力实现历史性跨越。中国人民以自己勤劳、坚韧和智慧的发展烙印创造了世界经济发展史上令人赞叹的“中国奇迹”。在这个过程中，坦率地讲，的确存在毁山开矿、填塘建厂、追求“短平快”经济效益而纷纷上马“两高一低”项目的现象，也导致经济增长过快相伴而生的不平衡、不协调、不可持续的矛盾日益突出。经济发展新常态下，绿色发展、低碳发展、循环发展成为经济社会发展的主流声音和实践导向。然而，不论是绿色、低碳还是循环，抑或是生态，都是为了发展。发展在当代中国，仍然是党执政兴国的第一要务。恰如习近平同志所指出："只要国内外大势没有发生根本变化，坚持以经济建设为中心就不能也不应该改变。这是坚持党的基本路线一百年不动摇的根本要求，也是解决当代中国一切问题的根本要求。"①

二、决不以牺牲环境为代价换取经济增长：绿水青山的"生态美"

发展必须是遵循自然规律的可持续发展，这是我们从无数经验教训中得出的必然结论，是我国进一步深化改革中的必然选择。我国是占世界五分之一人口的大国，人口、资源和环境的可持续发展和统筹协调发展的压力非常大。一方面，发展中产生的新的环境问题，总是在不断显现，增大环境资源容量；另一方面，我们试图用更短的时间把西方发达国家二百多年累积、逐步消化和转移的资源、环境和生态问题快速高效解决，压力更大。进入生态文明新时代，我们再也不能用新辙压旧辙，新痕碾旧痕，

① 《习近平在全国宣传国想工作会议上强调　胸怀大局把握大势着眼大事　努力把宣传思想工作做得更好》，《人民日报》2013 年 8 月 21 日。

掩耳盗铃式地使环境问题一层一层堆积下去、掩盖起来。我们必须清醒地认识到：作为金山银山的根本来源，绿水青山是人类赖以可持续生存发展的基础，必须坚决守护。经济发展与生态保护发生冲突矛盾时，必须毫不犹豫地把保护生态放在首位，而绝不可再走用绿水青山去换金山银山的老路。习近平同志深刻指出：“如果仍是粗放发展，即使实现了国内生产总值翻一番的目标，那污染又会是一种什么情况？届时资源环境恐怕完全承载不了。”①“在生态环境保护问题上，就是要不能越雷池一步，否则就应该受到惩罚。”②这些都充分表明，建设生态文明，既不是要回到原始的生产生活方式，也不是继续工业文明追求利润最大化的发展模式，是要达到包括生态价值在内的经济、生态、社会价值的最大化，要求遵循自然规律，尊重自然、顺应自然、保护自然，以资源环境承载能力为基础，建设生产发展、生活富裕、生态良好的文明社会，谋求可持续发展。

---

① 《在十八届中央政治局常委会会议上关于第一季度经济形势的讲话》（2013年4月25日），载《习近平关于社会主义生态文明建设论述摘编》，中央文献出版社2017年版，第5页。

② 习近平：《在中央政治局第六次集体学习时的讲话》（2013年5月24日），载《习近平关于社会主义生态文明建设论述摘编》，中央文献出版社2017年版，第99页。

三、建设人与自然和谐的现代化：绿水青山就是金山银山的“转型美”

我们曾经存在两种错误观念，一是认为发展必然导致环境的破坏，这构成了“唯 GDP 论”的思想基础；二是认为注重保护就要以牺牲甚至放弃发展为代价，成为懒政惰政的借口。习近平同志“绿水青山就是金山银山”的提出，指出绿色发展方式的转型，确立了生态思维方式，对于纠正上述错误认识具有极其重要的理论意义和实际指导价值。从发展观的角度看，实现绿水青山就是金山银山，其实质就是要实现经济生态化和生态经济化。贫穷不是生态，发展不能破坏。一方面，要保护生态和修复环境，经济增长不能再以资源大量消耗和环境毁坏为代价，引导生态驱动型、生态友好型产业的发展，即经济的生态化；另一方面，要把优质的生态环境转化成居民的货币收入，根据资源的稀缺性赋予它合理的市场价格，尊重和体现环境的生态价值，进行有价有偿的交易和使用，即生态的经济化。这需要我们推动产权制度改革，实施水权、矿权、林权、渔权、能权等自然资源产权的有偿使用和交易制度，实施生态权、排污权等环境资源产权的有偿使用和交易制度等。以有效实践“绿水青山就是金山银山”论的浙江省为例，实行“八八战略”十年实践，通过环境保护与推进生态经济相结合来化解两者对立的矛盾，把环境保护与倒逼企业转型升级、改变政府管理方式、推进资源产权制度等联动起来，成功验证了绿水青山可以变成金山银山，且环境保护与财富增长进入相互促进的良性循环，实现了更高质量、可持续的经济增长，破解了在传统工业经济系统内无法解决的诸多难题，开创了自然资本增殖与环境改善良性互动的生态经济新模式。①

第四节　“绿水青山就是金山银山”论的哲学性

习近平同志“绿水青山就是金山银山”的科学论断是建立在马克思主义完整、科学地把握人类社会整体历史进程的基础上的，是内在地、逻辑地统一于社会主义的本质之中的。社会主义生态文明源自于社会主义经济、政治建设与生态文明建设的内在一致性，源自于社会主义能最大限度地遵循人和自然、社会之间的和谐发展规律。正如马克思所说：“这种共产主义，作为完成了的自然主义，等于人道主义，而作为完成了的人道

① 张孝德：《生态文明建设内生发展之路》，《浙江日报》2015 年 8 月 12 日。

主义，等于自然主义，它是人和自然界之间、人和人之间的矛盾的真正解决，是存在和本质、对象化和自我确证、自由和必然、个体和类之间的斗争的真正解决。”西方的兴盛不仅在于工业化大生产及相应的设备和科技的全球普及，更在于与工业文明相一致的西方思想和文化的全球影响。习近平同志“绿水青山就是金山银山”论，使得生态文明有了与其核心价值理念相一致的形象话语，从而为实现中华民族伟大复兴的美丽中国梦奠定了文化和思想基础。

一、既要绿水青山，也要金山银山：人类整体上维护人的发展与自然生态系统动态平衡的永恒主题

马克思和恩格斯指出：“全部人类历史的第一个前提无疑是有生命的个人的存在。……任何历史记载都应当从这些自然基础以及它们在历史进程中由于人们的活动而发生的变更出发。”[①]因而，既要绿水青山，也要金山银山，两者都是人类经济社会发展的重要因素，不可偏颇，只是在人类社会发展进步的不同阶段，主要矛盾和次要矛盾的主要表现形式、矛盾的主要方面和次要方面的相互转换形态不同而已。

① 《马克思恩格斯选集》第1卷，人民出版社1995年版，第67页。

二、宁要绿水青山，不要金山银山：山水林田湖草是生命共同体

在人类的生存空间里，社会系统、经济系统和自然系统通过人类的活动耦合成为复合的生态系统，即人类社会生态系统。在这个系统中，各要素相互依存、相互制约、相互作用。人类的经济活动受到自然生态系统容量的限制，而人类经济活动的结果——社会系统和经济系统又反作用于自然生态系统。每个系统既独立又开放，既有自身运行规律，又受其他系统的影响与制约，只有当各个系统彼此适应，整个复合生态系统才能达到平衡，才能稳定、持续地良性循环下去。在我们以往的研究中，环境因素虽然一直没有进入研究领域，但环境对经济系统的制约始终存在。尤其是随着经济的增长，资源消耗速率超越资源的更新速率，废弃物的排放超出环境自我净化能力的时候，环境问题逐渐尖锐和凸显。当技术进步仍不能保证经济发展处于环境可承载的负荷范畴时，环境提供资源的能力不再是呈现环境库兹涅茨曲线所表达的退化[①]，而是完全丧失其生产和再生产的能力。届时，生态系统平衡遭受破坏，即使花大力气进行修复，也很难恢复原有生态，这就是所谓“环境的不

① 环境库兹涅茨曲线揭示出环境质量开始随着收入增加而退化，收入水平上升到一定程度后随收入增加而改善，即环境质量与收入为倒 U 形关系。

可逆性”。在这方面，我国古人有丰富的生态智慧。中国的哲学家就阐发了“天地与我并生，而万物与我为一”的生态系统论哲学思想。[①]《逸周书》亦记载：“夫然则土不失其宜，万物不失其性，人不失其事，天不失其时，以成万财。”[②]人类只有与资源和环境相协调，和睦相处，才能生存和发展。生态环境是人类生存发展的重要生态保障，亦是一个国家或地区综合竞争力的重要组成部分。大量的事例证明，什么时候我们做到了尊重自然、敬畏自然、保护自然，经济社会就会健康发展，任何与自然为敌、试图凌驾于自然法则之上的做法都必然遭到自然界的报复。

三、绿水青山就是金山银山：人道主义和自然主义的相互等同

经典的马克思劳动价值理论解释了人与人的关系。人类复杂的社会利益关系本质上就是一种价值关系，就人与自然的关系而言，无论人是作为自然界产物的客体，还是作为认识开发利用自然的主体，也体现为价值关系，这是人类社会关系的基础，同时也是整个生态系统得以维系的核心。马克思主义经典理论中一直重视自

① 参见《庄子·齐物论》。

② 《逸周书·大聚解》。

然资源的价值，以绿水青山为形象指代的自然生态环境资源有着自我内部的价值循环，对维护生态系统的稳定和平衡发挥着作用，为人类创造生存条件。自然资源除了产生经济产品，还供给呼吸的氧气和清洁的水源，消纳废弃物，美化环境，提升居住在其中的人们的幸福感，可见自然资源不仅具有经济价值，还有生态价值与社会价值。因而，走“绿水青山就是金山银山”发展之路，是一场前无古人的创新之路，是对原有发展观、政绩观、价值观和财富观的全新洗礼，是对传统发展方式、生产方式、生活方式的根本变革。从对工业文明的科学扬弃来看，“绿水青山就是金山银山”的科学论断，构成了生态文明建设的核心价值观，促进形成了生态文明发展的中国范式，改造和提升着工业文明的发展模式。

中篇：生态文明建设的基本路径

第三章　生态文明建设融入经济建设

第一节　生态文明融入经济建设的战略考量与路径选择[①]

把生态文明建设融入到经济、政治、文化和社会诸建设中，是党的十八大和十八大以来，不断深化和巩固涵盖生态文明建设在内的中国特色社会主义“五位一体”建设事业总布局的既定战略，也是建设生态文明的重要实践路径。这其中，“融入”是活的灵魂，体现了生态文明建设与经济社会发展的同步战略，更内在地蕴含了生态优先、保护优先战略理念。经济建设是一国发展之

① 黄承梁：《论生态文明融入经济建设的战略考量与路径选择》，《自然辩证法研究》2017 年第 1 期。

基。生态文明建设如何融入经济建设，需要从战略层面思考“融入”和所要实现的三重跨越和三重境界。一是坚持底线思维，兜住不发生重大生态系统灾难的底，因而，必须坚持环境保护的基本国策，首先对传统产业调结构、转方式；二是坚持“五化同步”思维，确保“新五化”建设与“五位一体”总体布局相得益彰，因而要不断发展和解放“生态生产力”；三是坚持开放和前瞻思维，面向生态文明新时代新潮流、新趋势，积极构筑现代生态产业发展体系，夯实生态文明建设的物质产业基础。

一、正确处理环境保护与经济社会发展的关系

当前，我国环境保护形势严峻、生态系统自我修复功能退化和重点产业资源濒临枯竭等系列影响和制约经济社会可持续发展的突出环境、生态和资源问题，其成因，首先与长期以来特别是改革开放40年来，在实践中并没有正确处理好环境保护和经济社会发展之间的关系有关，也与没有把以经济建设为中心的社会主义初级阶段基本任务与环境保护作为写入我国宪法的一项基本国策统筹起来有关。在实践中，我们一度采取了“先上车、后补票”“先污染、后治理”“边污染、边治理”“只污染、不治理”的错误做法。因而，

传统工业，特别是重化工业，是在“挖煤—修路—水泥—钢材—发电—缺电—再挖煤—再制造”的怪圈中发展和壮大起来的。高耗能、高污染、高投入、低效益、低附加值的“三高两低”项目，如发电、煤炭加工、采矿、钢铁、水泥等业务一度成为国民经济的支柱产业，甚至在某些地方，成为特定地区国民经济和财政收入的绝对来源，同时还是安置和解决地方就业群体最大的容纳场所。在经济发展与环境保护的关系上，我们一度为了经济利益而过度甚至是滥用了自然资源；而一强调环境保护，又将其与经济建设对立起来，使经济发展出现“一抓就死”“一放就又乱”的传统弊病反复闪现。经济社会发展进入新常态后，产能过剩问题依然十分突出、节能减排任务也异常艰巨，调结构、转方式的转型之路充满阵痛，社会负担格外沉重；能源资源过度开采、粗放利用、对外依存度高等问题依然十分突出；耕地减少、水土流失、土壤荒漠化等问题依然存在；水土污染、大气污染、生产生活垃圾污染等与人民群众的日常生活密切相关的问题依然亟待解决……诚然，经济社会发展必须依赖自然资源，二者在某种程度上是一种需求与供给的关系。然而，当“需求和供给之间的和谐，竟变成二者的两极对立”时，我们就必须重新审视经济社会发展与环境保护两者的内在关系。习近平同志深刻指出，“经济发展不应是对资源和生态环境的竭泽而渔，生态环境保护也不应是舍弃经济发展的缘木求鱼”。[①] 我们必须将能否正确处理经济发展与环境保护两者的内在关系，作为检验生产力成败的重要试金石；将经济发展方式转变，作为当前和今后一个时期我国经济发展的重要任务。首先，大力推进产能过剩行业的淘汰和转型。我国传统工业产业的突出问题就是高耗能、高污染，发展规模小、产品附加值低、可持续性差（但也不能因此倒推并一概否定传统工业产业的历史价值。相反，我国相当一批传统工业产业，在由传统制造走向先进制造的过程中，本身孕育了绿色技术的新变革）。必须以壮士断腕的态度坚决予以淘汰，特别是结合供给侧结构性改革，大力推进产业结构调整。其次，必须以凤凰涅槃、腾笼换鸟的姿态，大力推进创新驱动发展。坚持创新、协调、绿色、开放和共享的新发展理念，创新在首。生态文明建设是继原始文明、农业文明和工业文明之后人类社会崭新的社会形态，既是工业文明发展到一定阶段的产物，也是不以人的意志为转移的客观存在和历史趋势。支配和决定这一历史趋势的根本性变革力量，如同铁器于农业文明、蒸汽机于工业文明一样，是生产工具和生产技术的历史性变革所推动和形成的新

① 习近平：《在海南考察工作时的讲话》（2013 年 4 月 10 日），载《习近平关于社会主义生态文明建设论述摘编》，中央文献出版社 2017 年版，第 19 页。

的生产力和生产关系相互作用的结果。因而，建设生态文明，建立一种资源节约型、环境友好型、高效收益型的生产发展模式，生态、绿色技术的创新驱动将起到决定性的作用。通过生态和绿色技术的创新，大幅度提高资源利用率，减少单位产品的能源消耗，进而实现"资源产出率"的最大化。从微观角度看，科学技术的创新可以有效控制污染物的排放，降低降解污染物的成本，在保证不对生态环境造成污染和破坏的前提下，回收、利用污染物，最大限度地减少排放、增加利润；科学技术的创新还可以促进新能源的开发和利用，替代传统的不可再生能源，既减少了因资源开采而带来的生态破坏，也减少了传统能源利用后的污染排放，并最终促进经济结构和发展方式的转变。

二、进一步解放和发展"生态生产力"

生产力是人（劳动者）使用生产工具（劳动资料）进行生产过程（作用于劳动对象）、创造物质财富的能力。生产力决定的是人与人之间结成的生产关系的性质，体现为自然和人的相互作用。马克思主义认为，物质生产是人类社会存在和发展的前提。自然界不仅是劳动者（人）的生命力、劳动力、创造力的最终源泉，而且是"一切劳动资料和劳动对象的第一源泉”；从其所具有的经济属性上来说，人类所依赖的外界自然可分为生活资料（如土壤的肥力，渔产丰富的水）和劳动资料（如瀑布、河流、森林、金属、煤炭等）两大类。这其中，作为第一类生活资料的土地，就是一种基础的自然资源，是人类生产和生活所需的最基本的物质资料。因为“土地(在经济学上也包括水)最初以食物，现成的生活资料供给人类，它未经人的协助，就作为人类劳动的一般对象而存在。所有那些通过劳动只是同土地脱离直接联系的东西，都是天然存在的劳动对象”①。对于第二类自然资源，马克思指出，“在较高的发展阶段，第二类自然富源具有决定的意义”。

现时代，我国虽然已经长时间并且正在处于马克思所说的“较高的发展阶段”，但是在现阶段具有决定性以及战略意义的第二类自然资源不仅不像过去那样丰富，不但没有继续为当前高速发展的人类经济社会发展提供足够自然资源的延续力，相反，由于人类对生态系统的整体性破坏，以及与之相伴随的自然生态环境的严重恶化，致使第二类富源资源对经济社会可持续发展的制约性、约束性效力越来越明显，也成为影响和推动国际经济政治格局再调整的潜在要素。当

① 《马克思恩格斯全集》第 23 卷，人民出版社 2001 年版，第 202—203 页。

前，我国生态环境的形势愈发严重，改革开放近四十年来超高速发展积累出来的环境问题具有明显的压缩性和复合性特征，旧的环境问题还没来得及解决，另一些新的环境问题又接着出现。这种新辙压旧痕式的生态环境特征，使生态环境问题，由单一的经济发展过程中的生态问题，成为严重的社会问题、重大的民生工程、重大的政治问题，使经济社会发展整体效益同样呈现出几何模式的负增长效应。因而，如何解决当前社会发展的综合性生态环境问题，恐怕已经不是单纯地讲“先污染、后治理”“边治理、边发展”或者一边强调发展经济、一边强调环境保护的问题，而是要将环境保护问题放在更宽广的历史视野、唯物史观视野来看待。据此，要将进一步解放和发展生产力与加强生态文明建设紧密结合起来作为一个整体，按照系统工程的思路，坚持发展理念，走新发展道路。这就是习近平同志反复强调的，保护生态环境，就是保护生产力；改善生态环境，就是发展生产力。邓小平同志过去讲，科学技术是第一生产力，在经济社会发展新常态下，要按照习近平同志“绿水青山就是金山银山”的指导思想，使生态环境本身作为生产力的重要组成部分，且作为影响和制约生产力与生产关系这一关系范畴的十分重要的因素。

三、以绿色生态产业体系作为生态文明建设的新常态

生态文明融入经济建设的更大战略，就是中华民族要把“生态文明”理念，转化为推动实现中华民族伟大复兴美丽中国梦的“生态生产力”，以“生态生产力”的巨大推动力，引领和推动全球绿色发展新理念、新实践，进而成为以生态文明建设促进人类一个地球家园命运共同体永续存在的“中国方案”。这个伟大战略定位的实质，就是坚定不移地推动和实现“绿色发展、低碳发展、循环发展”。绿色、低碳、循环的发展模式将孕育形成一种新的生产方式，这种生产方式将更加符合生态文明建设的要求。

坚持把大力发展绿色、低碳、循环的生态产业体系作为生态文明建设融入经济建设的战略举措。坚持以经济建设为中心，依然是社会主义初级阶段基本路线的重要内容，现时代中国经济社会发展最根本、最紧迫的任务依然是进一步解放和发展社会生产力。坚持以经济建设为中心，经济建设的明确属性应当界定为“绿色”，即绿色化的经济建设。

坚持进一步解放和发展生产力，要求我们不仅把自然富源资源作为生产力和生产关系范畴中的要素，而是要把整个生态系统都纳入到生产力的范畴，从而与习近

平同志“保护生态环境就是保护生产力”的科学论断遥相呼应。基于此，要观察全球产业态势，瞄准世界产业发展制高点，重发展附加值高、技术含量高、竞争力强以及产业价值链可延长的战略性新兴产业，同时大力推进产业结构优化升级，将传统制造业的优势转化为拥有世界先进水平的新兴的制造业。同时以绿色化理念升级现代服务行业、优化结构、推动工业化和信息化深度融合，形成绿色化的现代产业体系，这是夯实生态文明时代绿色国民经济产业基础的战略工程。可以说，“生态文明所强调的人与环境、人与自然的协调发展，对中国而言是能否实现后发优势的一个契机。”①

经济全球化是指各国经济、文化、资本、技术在世界范围内扩展的结果，其实质就是通过全球贸易投资或者产业转移实现全球产业结构的调整。在这一过程中，西方发达国家通过向欠发达国家转移落后产能，实现其本国经济结构的调整和产业转型升级。但对承接产业转移的国家的资源和环境造成破坏。从当前国际能源资源与生态环境整体格局看，一方面，能源危机和生态危机依然广泛存在，地球生态环境的承载力越来越有限。另一方面，西方发达国家的工业文明之路，在全球化时代，却巧妙利用了全球化发展的契机，实现经济增长方

① 张世秋：《生态文明建设：中国实现后发优势的契机》，《光明日报》2012年12月4日。

式的转变和产业结构的优化，目前正以可持续发展思潮引领世界绿色发展话语权，包括《2030 年可持续发展议程》和《巴黎协定》。但现在一个显而易见和不争的事实是，中国的生态文明理念越来越国际化、全球化，成为在联合国舞台上以全新术语和崭新概念表达中国大力实践绿色发展的“中国方案”。如 2016 年 9 月举行的 G20 杭州峰会，首次将生态文明理念和《2030 年可持续发展议程》纳入会议议程。它既是中国的，也是世界的。可以说，21 世纪上半叶，中华民族实现伟大复兴，既内在蕴涵了美丽中国梦，也必然反映和体现人类一个地球家园的美丽星球梦。但不论怎样，如果不重视生态文明融入经济建设的战略考量及其基本路径，实现生态文明美丽中国梦、美丽世界梦的物质基础就不牢固。

第二节　以供给侧改革推动生态文明建设①

供给侧改革，是以习近平同志为核心的党中央在我国经济发展进入新常态、迈向更高级发展阶段，适应新

① 黄承梁：《以供给侧改革推动生态文明建设》，《中国环境报》2016 年 3 月 12 日。

常态、引领新常态，以着力改善供给体系供给效率和质量、坚持供给侧和需求侧同步调整和平衡为目标，着力调整经济结构、发展方式结构、增长动力结构的新逻辑、新战略、新举措。习近平同志强调，供给侧结构性改革的根本目的是提高社会生产力水平，落实好以人民为中心的发展思想。新常态下，下大力气解决我国生态文明建设面临的系统性难题，科学破解经济社会发展和环境保护的“两难”悖论，给力绿色发展，必须以创新、协调、绿色、开放、共享的新发展理念为指导，从供给侧改革入手，补短板、去产能、提效率、强保障，扩大有效供给，减少无效供给，提高全要素生产率，使人民享有生态文明建设供给侧改革红利，让人民幸福生活。

推进生态文明建设供给侧改革，是党中央供给侧结构性改革发展战略在生态文明建设中的必然要求，也是深化生态文明体制改革的必然要求。就近期目标而言，党中央供给侧结构性改革所蕴含的总体目标、主攻方向和工作重点等，与我国生态文明建设特别是深化生态文明体制改革的目标使命、价值诉求和基本路径等，具有双重叠加性和高度竞合性。可以预见，生态文明建设供给侧改革会是新常态，成为建设生态文明、给力绿色发展的观测点、着力点和发力点。

一、科学预见生态文明建设供给侧改革新常态

经济（产业）结构调整新常态。现阶段，我国经济周期性矛盾和结构性矛盾并存，但主要矛盾已转化成结构性问题。供给侧结构性改革的着力重点，首要在于经济结构的调整。通过结构优化促使整体经济转型升级，打造生态、低碳、绿色、增质、高效的中国经济升级版，实现工业化、信息化、城镇化、农业现代化和绿色化“新五化”同步发展。这已形成全社会的普遍共识，也必然成为“十三五”时期的发展主线。在产业结构上，经济发展更多依靠服务业和战略性新兴产业带动，尤其是顺应新一轮科技革命和产业变革趋势，积极构建现代技术及其产业体系，以技术创新引领和推动新一代节能环保产业、信息技术产业和新能源产业等战略性新兴产业蓬勃发展，已成为浩浩荡荡之大势。

发展方式结构调整新常态。习近平同志深刻地指出，“加快经济发展方式转变，是当前和今后一个时期我国经济发展的重要任务”。当前，从国内环境看，我国经济总量已跃居世界第二位，社会生产力、综合国力和科技实力都迈上了新的大台阶。但发展中不平衡、不协调、不可持续问题依然突出，人口、资源、环境压力越来越大；从全球范围看，人类正面临一次绿色经济的巨大变革，以生态技术、循环利用技术、清洁能源和环

保产业技术等为代表趋势的科学技术、智力资源日益成为绿色生产力发展和经济增长方式的决定性要素，欧美日等发达国家都在纷纷抢占绿色发展的新高地、制高点。我们要走不同于传统工业经济发展模式的新路子，其核心思想就是绿色发展。要改变传统要素投入结构过度依赖劳动力、土地和资源等一般性生产要素投入的现象，把经济活动过程和结果的“绿色化”“生态化”作为绿色发展的主要内容和途径。一个重要任务，就是按照党的十八大、十九大精神，“把生态文明建设放在突出地位，融入经济建设、政治建设、文化建设、社会建设的各方面和全过程”。

增长动力结构调整新常态。新时期，中国经济增长动力结构发生深刻变化，出口、投资、消费“三驾马车”的增长动力结构发生重大转变，创新逐渐成为主要动力。习近平同志指出，中国经济正由要素驱动、投资驱动转向创新驱动。供给侧结构性改革要主动适应和推进动力结构调整，再也不能拼人力、拼资源、拼生态。要主动抓住新一轮科技革命和产业变革孕育兴起的新机遇，突破一些革命性关键核心技术，进而带动关键技术交叉融合、群体跃进。“十三五”时期，要大力推动新型工业化、信息化、城镇化、农业现代化、绿色化同步发展，必须及早转入创新驱动发展轨道，以供给侧改革的强大动力把科技创新的潜力和动力释放出来，大力推进和促进增长动力调整。

二、全面把握生态文明建设供给侧改革战略任务

坚持做加法，补短板、强产品，扩大有效供给。可以说，生态产品短缺已成为制约我国生态文明建设的“短板”，成为影响人民群众幸福感的重要因素。满足人民群众日益增长的生态产品需求日益成为人民生活水平和质量提升的一个重要标志。习近平同志指出：“良好生态环境是最公平的公共产品，是最普惠的民生福祉。”[①] 要以生态产品品种多样、服务品质提升为导向，增加清洁空气、洁净饮水、良好气候、优美环境、放心食品等优质生态产品和生态质量的有效供给；同时使绿色消费向节能节水器具、绿色家电、绿色建材等有利于节约资源、改善环境的商品和服务拓展。从根本上说，要按照习近平同志“山水林田湖是一个生命共同体”[②] 的战略指导思想，持续推进荒漠化、石漠化综合治理，持续推进重大生态修复工程，增强生态产品生产能力，

① 习近平：《在海南考察工作结束时的讲话》（2013 年 4 月 10 日），载《习近平关于社会主义生态文明建设论述摘编》，中央文献出版社 2017 年版，第 4 页。

② 《关于〈中共中央关于全面深化改革若干重大问题的决定〉的说明》（2013 年 11 月 9 日），载《十八大以来重要文献选编》（上），中央文献出版社 2014 年版，第 507 页。

扩大湖泊、湿地面积，保护生物多样性，为生态产品供给创造更大的时空环境。

坚持做减法，去产能、调结构，减少无效供给。我国经济结构和产业结构调整，目前最突出的问题是化解产能过剩。现时代，传统制造业产能普遍过剩，且高污染、高消耗、高危险、低效益、低产出的“三高两低”特征尤为明显。比如粗钢、水泥、电解铝、平板玻璃的产能，都占到全球产能一半左右，有的甚至更高。不改善供给结构，投入的生产要素越多，整个经济的运行效率越低，总需求越不足，浪费十分严重，资源环境难以承受。习近平同志指出：“现在不拿出壮士断腕的勇气，将来付出的代价必然更大。”[①]从过去几年经验教训来看，为了保持较快的经济增长速度，也出于维护职工稳定、地方安宁等需要，政策主导的政府投资，主要流向“三高两低”行业，使之成为无效供给，加剧了产能过剩和环境污染。坚持做减法，要抑制旧产业、旧业态的供给需求，加快资源从传统“三高两低”行业的退出速度，要主动承受凤凰涅槃、浴火重生的阵痛。

坚持做乘法，增要素、提效率，矫正要素配置扭曲。生态环境是生产力的重要因素。习近平同志深刻指

① 《习近平系列重要讲话读本：实现实实在在没有水分的增长——关于促进经济持续健康发展》，《人民日报》2014年7月7日。

出，“绿水青山就是金山银山”[①]；他同时指出，“保护生态环境就是保护生产力，改善生态环境就是发展生产力”。[②]扎实推进生态文明建设供给侧结构性改革，尤要以习近平同志的这两个科学论断为根本遵循，既要做加法，持续增强优质生态产品的供给力；更要善于做乘法，更加重视生态环境这一生产力的要素，不断为优质生态产品的持续供给提供自然生态系统空间，培育经济增长的“乘数因子”，使生态环境供给侧改革发挥倍数效应，使新产业以“几何式增长”推动经济发展。

坚持做除法，禁红线、强保障，寻求最大公约数。维护我国生态环境空间的整体功效和系统安全，生态红线划定，既是底线，也是上限。习近平同志指出，“在生态环境保护问题上，就是要不能越雷池一步，否则就应该受到惩罚”。[③]要从供给侧改革的阶段性任务出发，着眼于发挥制度供给保障优势，继续深化生态文明体制改革，推进自然资源资产产权制度、自然资源用途管制制度、资源有偿使用制度、生态补偿制度下的产权确

---

① 《在省部级领导干部学习贯彻党的十八届五中全会精神专题研讨班上的讲话》（2016年1月18日），人民出版社2016年版，第19页。

② 《在省部级领导干部学习贯彻党的十八届五中全会精神专题研讨班上的讲话》（2016年1月18日），人民出版社2016年版，第19页。

③ 《在十八届中央政治局第六次集体学习时的讲话》（2013年5月24日），载《习近平关于社会主义生态文明建设论述摘编》，中央文献出版社2017年版，第99页。

认、红线划定和制度改革，增强自然生态服务功能区整体建设，实行严格保护的空间边界；明确资源保护主体和责任，以辗转相除法求最大公约，避免“公地悲剧”，确保自然生态系统休养生息、生态环境质量国家安全。

三、精准发力生态文明建设供给侧改革重点难点

集中力量优先解决损害群众健康的突出环境问题。现在，人民群众对呼吸上新鲜空气、喝上干净水、确保“舌尖上的安全”的渴望越来越强烈。着力推进重点行业和重点区域大气污染治理，着力推进颗粒物污染防治，着力推进流域和区域水污染防治，着力推进重金属污染和土壤污染综合治理，集中力量优先解决空气、饮用水、土壤、重金属、化学品等损害群众健康的突出环境问题，是十分迫切和重大的民生问题、社会问题和政治问题，是落实好习近平同志“以人民为中心的发展思想”的必然要求。以供给侧改革促空气质量、水质量和土壤质量全面提升，要深入实施大气、水、土壤污染防治行动计划，全面贯彻落实国家“大气十条”“水十条”和“土十条”，推动重点难点问题优先解决。

重在培育绿色发展的市场内生机制。习近平同志指出，推进供给侧结构性改革，是一场硬仗，要把握好

政府和市场的关系。[①]让市场在资源配置中起决定性作用，这是供给侧结构性改革能否取得成效的重大原则性问题。要通过进一步完善市场内生机制，矫正以前过多依靠行政配置资源带来的要素配置扭曲，进一步激发市场主体活力。政府的作用重在“管好”，通过制度改革、政策安排来解决生产侧或供给侧的矛盾和问题。新常态下，一大批绿色制造工程，如先进节能环保技术、工艺和装备的研发、生产，以及一批批在清洁生产、节能降耗、污染治理、循环利用等重要环节产生示范效应和深远影响的项目正如火如荼地在全社会广泛兴起和实践，极大地调动了企业家的创业热情和市场做多绿色产业的内生动力。

大力推进生活方式绿色化。习近平同志强调，“要像保护眼睛一样保护生态环境，像对待生命一样对待生态环境”。[②]我们这个民族，建设生态文明，正在形成有广泛的价值共识和共同价值追求的生态文化。精准发力生态文明建设供给侧改革，必须从供给侧的视角，凝民心、聚民智、集民力，为人民群众提供低碳、生态、便利、适宜的多样性物质供给和崇尚科学、艺术、心

① 习近平：《在参加十二届全国人大四次会议湖南代表团审议时的讲话》（2016年3月8日），《人民日报》2016年3月9日。

② 习近平：《在云南考察工作时的讲话》（2015年1月19—21日），《人民日报》2015年1月22日。

性、内省、审美等的多层次精神供给。如积极推进绿色消费革命，引导绿色饮食、鼓励绿色居住、普及绿色出行、发展绿色休闲；开展绿色机关、绿色学校、绿色社区创建、教育、推广和示范基地建设；等等。

第三节　整体把握新发展理念，推进生态文明建设①

党的十八大以来，以习近平同志为核心的党中央，强调破解发展难题，厚植发展优势，必须牢固树立并切实贯彻创新、协调、绿色、开放、共享的新发展理念。这是关系我国发展全局的一场深刻变革。建设生态文明，坚持绿色发展，必须在整体把握新发展理念中不断拓展和深化绿色发展新认识，强化新实践。

一、新发展理念为生态文明建设提供理念先导

坚持创新发展，必须把创新摆在国家发展全局的核心位置，推动新技术、新产业、新业态蓬勃发展。现时

① 黄承梁：《整体把握新发展理念　推进生态文明建设》，《中国环境报》2015年11月5日。

代，坚持创新发展，一是形势所迫。我国经济总量已跃居世界第二位，社会生产力、综合国力都迈上了一个新的台阶，但发展中不平衡、不协调、不可持续问题依然突出，人口、资源、环境压力越来越大。继续沿袭传统粗放型工业文明发展的老路，必然面临难以为继的问题。二是大势所趋。现在，科学技术越来越成为推动经济社会发展的主要力量，创新驱动是大势所趋。信息网络、生物科技、清洁能源、新材料与先进制造等一批战略性新兴产业如火如荼；科技更加注重绿色化、健康化、智能化，更加注重低能耗、高效能的绿色技术与产品的开发、应用和推广；"互联网+"迅猛发展，工业互联网、能源互联网，智慧地球、智慧城市、智慧物流等不断涌现。绿色技术、绿色产业和绿色业态的方兴未艾，不断夯实生态文明建设的物质基础。不坚持创新发展，绿色发展就无法实现战略性突破。

坚持协调发展，必须牢牢把握中国特色社会主义事业总体布局，重点促进城乡区域协调发展，促进新型工业化、信息化、城镇化、农业现代化同步发展，不断开创和拓展资源环境可承载的区域协调发展新格局。第一，从中国特色社会主义事业总体布局视角看协调发展。生态文明建设与经济建设、政治建设、文化建设和社会建设，构成"五位一体"社会主义事业总体布局，是党的十八大以来不断强化和深化的重大战略部署。在把握总体布局中坚持协调发展，就是要在整体推进社会主义事业中全面凸显生态文明建设的基础性地位，将生态文明建设融入经济建设、政治建设、文化建设和社会建设。如果说在这个问题上还需提升认识，那就是全社会都要意识到，环境问题不仅是经济问题，也是社会问题；不仅是社会问题，也是政治问题。第二，从促进城乡区域协调发展看绿色发展。城乡发展一体化与区域结构均衡化，是生态文明建设不可逾越的历史任务。恩格斯指出，“城市和乡村的对立的消灭不仅是可能的”，“只有通过城市和乡村的融合，现在的空气、水和土地的污染才能排除。”① 习近平同志指出，“没有农村的全面小康和欠发达地区的全面小康，就没有全国的全面小康”，要“推动城乡发展一体化，逐步缩小城乡区域发展差距，促进城乡区域共同繁荣”。②

坚持绿色发展，必须坚持节约资源和保护环境的基本国策，加快建设资源节约型、环境友好型社会，形成人与自然和谐发展的现代化建设新格局，推进美丽中国建设，为全球生态安全作出新贡献。总结改革开放40年来我国环境问题的一个基本经验教训，就是大部分对生态环境造成破坏的原因是来自对资源的过度开发、粗

① 《马克思恩格斯选集》第3卷，人民出版社1995年版，第646—647页。

② 《全面小康一个也不能少——习近平总书记在浙江的探索与实践·协调篇》，《浙江日报》2017年10月7日。

放型使用，是竭泽而渔。扬汤止沸不如釜底抽薪，建设生态文明必须从资源使用这个源头抓起，在节约资源上做“加法”，把节约资源作为根本之策；在能源消费总量上做“减法”，加强节能降耗，支持节能低碳产业和新能源、可再生能源发展，努力控制温室气体排放，积极应对全球气候变化。在新常态下，尤其要注重“乘法”的倍数效应。习近平同志强调指出，“我们既要绿水青山，也要金山银山。宁要绿水青山，不要金山银山，而且绿水青山就是金山银山”。[①] 蓝天白云、青山绿水是长远发展的最大本钱，生态优势可以变成经济优势、发展优势。

坚持开放发展，必须构建广泛的利益共同体，积极承担国际责任和义务，积极参与应对全球气候变化谈判，主动参与《2030 年可持续发展议程》。习近平同志指出：“这个世界，各国相互联系、相互依存的程度空前加深，人类生活在同一个地球村里，生活在历史和现实交汇的同一个时空里，越来越成为你中有我、我中有你的命运共同体。”[②] 现时代，全球气候变化、能源资源短缺、粮食和食品安全、大气海洋等生态环境污染、重

---

① 《在哈萨克斯坦纳扎尔巴耶夫大学演讲时的答问》（2013 年 9 月 7 日），《人民日报》2013 年 9 月 8 日。

② 习近平：《顺应时代前进潮流　促进世界和平发展——在莫斯科国际关系学院的演讲》，《人民日报》2013 年 9 月 24 日。

大自然灾害等一系列重要问题，事关人类共有地球家园的安危；太阳能、风能、地热能等可再生能源开发、大规模使用和普及，正深刻改变着现有能源结构；新一代能源技术取得重大突破，氢能源和核聚变能可望成为解决人类基本能源需求的主要方向。这都是人类智慧的共同财富。我们既要立足国内，一心一意谋发展，还要睁眼看世界，促进文明成果的互容、互鉴。

坚持共享发展，必须坚持发展为了人民、发展依靠人民、发展成果由人民共享，从解决人民最关心最直接最现实的利益问题入手，提高公共服务共建能力和共享水平。生态文明，归根结底是为了人，为了人民群众生活在良好的生态环境之中，也为促进当代人与当代人之间、当代人与后代人之间的公平和公正。就以人民为主体而言，现时代，老百姓物质文化生活需求的具体内容在不断升级变化，对生态产品的需求越来越迫切。人民群众期盼的“舌尖上的安全”、清洁空气、洁净饮水、良好气候、优美环境等优质生态产品和健康需求还不能得到有效满足，老百姓的幸福感大打折扣，甚至产生强烈的不满，就不是发展成果共享的问题；就代际公平而言，恰如联合国一句经典箴言所言，“我们不只是继承了父辈的地球，而且是借用了儿孙的地球”。当代人的生存，不能“吃祖宗饭，断子孙路”。只有坚持共享发展理念，既维护当代人的生存环境，也维系资源环境对人类的长远供养能力，实现环境权益的代际公平；既为实现中华民族永续发展和中华文明的亘古绵延，也为人类的永续存在。

二、坚持新发展理念，准确把握绿色发展着力点

建立绿色低碳循环发展产业体系。着力推进绿色发展、循环发展、低碳发展是建设生态文明的战略要求。生态文明建设在本质上是要建立一种人与自然、消费与生产、物质与精神之间平衡协调的社会文明。应以人与自然和谐发展为中心、以“自然—社会—经济”复杂巨系统的动态平衡为目标、以生态系统中物质循环能量转化与生物生长的规律为依据发展生态产业，形成“生态农业—生态工业—生态信息业—生态服务业”的新型国民经济结构。为此，必须从战略高度全面推进经济发展绿色化、循环化、低碳化，构建科学合理的城市化格局、农业发展格局、生态安全格局、自然岸线格局。

加快建设主体功能区。发挥主体功能区作为国土空间开发保护基础制度的作用，严格实施环境功能区划，保障国家和区域生态安全，提高生态服务功能。特别是要按照党的十八届五中全会的要求，推动低碳循环发展，建设清洁低碳、安全高效的现代能源体系，实施近零碳排放区示范工程。还须指出，我国是海洋大国，要

坚持陆海统筹，进一步关心海洋、认识海洋，实施海洋生态功能区建设，保护海洋生态环境。

加大环境治理力度，提升环境治理现代化水平。一是用严格的法律制度保护生态环境，加快建立有效约束开发行为和促进绿色发展、循环发展、低碳发展的生态文明法律制度。二是实行省以下环保机构监测监察执法垂直管理制度。毋庸置疑，我们现在的生态环境保护、管理和治理格局，带有很大的部门色彩、部门利益在里面。我们要从破解“九龙治水”起步，继续以生态文明体制改革、推进生态文明建设国家治理体系现代化为目标，不断创新环境管理方式，实现管事、管人、管财相统一。

第四章　生态文明建设融入政治建设

第一节　以全面深化改革引领生态文明建设[①]

习近平同志指出："改革开放是决定当代中国命运的关键一招，也是决定实现'两个一百年'奋斗目标、实现中华民族伟大复兴的关键一招。"[②]他多次强调，改革开放只有进行时没有完成时，改革开放中的矛盾只能用改革开放的办法来解决。当前，尽管我国在生态环境

① 黄承梁：《以制度体系建设开创生态文明建设新格局》，《中国环境报》2013年11月21日。

② 《决定当代中国命运的关键一招——关于全面深化改革》，《人民日报》2016年4月26日。

保护方面做出了巨大努力，但形势依然很严峻。在某种意义和程度上，各种各样、层出不穷的环境问题，影响到人民群众对党和政府能不能治理好环境发展问题的信心。解决问题，聚民心、提民气，固然要花很大的力气，但关键在深化改革上。

一、全面深化生态文明体制改革的逻辑脉络

党的十八大以来，以习近平同志为核心的党中央，从全面建成小康社会，进而建成富强民主文明和谐美丽的社会主义现代化强国、实现中华民族伟大复兴的中国梦的必然要求出发，从必须在新的历史起点上全面深化改革的总基调出发，从深化生态文明体制改革是全面深化改革的重要组成部分和战略定位出发，形成了全面深化生态文明体制改革的逻辑脉络。这就是：(1) 全面建成小康社会，进而建成富强民主文明和谐美丽的社会主义现代化国家、实现中华民族伟大复兴的中国梦，必须在新的历史起点上全面深化改革；(2) 全面深化改革必须"加快发展社会主义市场经济、民主政治、先进文化、和谐社会、生态文明"；(3) 加快发展社会主义生态文明，必须"紧紧围绕建设美丽中国深化生态文明体制改革，加快建立生态文明制度，健全国土空间开发、资源节约利用、生态环境保护的体制机制，推动形成人与自

然和谐发展现代化建设新格局”。

基于此，要按照“中国梦——深化改革——生态文明体制改革——生态文明制度——生态文明制度体系”的主线脉络不断深化对生态文明体制改革的认识。这就是：(1)“走向生态文明新时代，建设美丽中国，是实现中华民族伟大复兴的中国梦的重要内容”；(2) 全面深化生态文明体制改革是全面深化改革新举措；(3) 制度建设是生态文明体制改革的重点；(4) 制度体系建设是生态文明制度建设的系统措施；(5) 形成“更加成熟更加定型”的生态文明制度是“关键环节改革上取得(的)决定性成果”。

二、用制度完善生态文明建设的体制机制

加快生态文明制度建设，用制度保护生态环境，是建设生态文明、实现美丽中国梦的制度保障和路径选择。需要指出，加强生态文明制度建设，必然形成推动全社会进步的“制度红利”。只有生态文明制度建设，人民群众以及身为人民群众一员的我们对大气安全、食品安全与水质安全等基本生存和发展环境的诉求和渴望才能得到有效保障，同时通过制度建设倒逼产业转型升级和发展方式转变，让产业变革成果更多更公平惠及全体人民。

政策机制是生态文明制度建设活的灵魂，党的意志

之石。我们应当高度重视政策机制制度在生态文明制度建设中的灵魂作用，以更大的政治勇气和智慧，不失时机深化生态文明体制和制度改革，坚决破除一切妨碍生态文明建设的思想观念和体制机制弊端。这里，有两个方面的问题尤其需要从体制机制方面加强顶层设计。

一是再也不能简单以国内生产总值增长率论英雄。我国在以经济建设为中心的过程中，一些地方、一些领域出现了“唯 GDP”、片面追求经济增长速度的问题。目前我们遇到的资源过度开发问题、环境污染严重问题、经济结构不合理问题等，都与此密切相关。对此，习近平同志反复强调，“要全面认识持续健康发展和生产总值增长的关系”，“不简单以国内生产总值增长率论英雄”。[①] 我们必须建立科学的政绩考核评价体系，引导各级干部树立正确政绩观。习近平同志指出：“中央看一个地方工作做得怎么样，不会仅仅看生产总值增长率，而是要看全面工作，看解决自身发展中突出矛盾和问题的成效。”[②] 要防止把发展简单化为增加生产总值，一味在增长率上进行攀比，以生产总值全国排名比高低，搞层层加码，追求过快的速度。

① 《实现实实在在没有水分的增长——关于促进经济持续健康发展》，《人民日报》2014 年 7 月 7 日。

② 《实现实实在在没有水分的增长——关于促进经济持续健康发展》，《人民日报》2014 年 7 月 7 日。

二是建立责任追究制度。习近平同志指出："资源环境是公共产品，对其造成损害和破坏必须追究责任"，[①]"要建立责任追究制度，我这里说的主要是对领导干部的责任追究制度。对那些不顾生态环境盲目决策、导致严重后果的人，必须追究其责任，而且应该终身追究。真抓就要这样抓，否则就会流于形式。"[②]现在看来，过去很多重大污染事件发生后，责任追究的有效落实还很不够，尤其是具有决策权的地方党政领导干部很难受到应有的处罚。其结果是，党和政府形象受到损害，法律失去尊严，群众丧失信心。2017年，中共中央办公厅、国务院办公厅关于甘肃祁连山国家级自然保护区生态环境问题发出通报引发社会广泛关注。甘肃省数名省部级、副省级领导干部，上百名干部因祁连山生态破坏问题被问责。这场被称为"史上最严"的环保问责风暴引发了全国各地干部群众的深刻反思。西北生态安全的重要屏障祁连山，也由此正经历着近半个世纪以来最大规模的生态环境整治。我们必须对领导干部实行自然资源资产离任审计，建立生态环境损害责任终身追究制。

---

① 习近平：《绿水青山就是金山银山》，《人民日报》2014年7月11日。

② 《在十八届中央政治局第六次集体学习时的讲话》(2013年5月24日)，载《习近平关于社会主义生态文明建设论述摘编》，中央文献出版社2017年版，第100页。

三、建立系统完整的生态文明制度体系

习近平同志指出:“建设生态文明，必须建立系统完整的生态文明制度体系，用制度保护生态环境。要健全自然资源资产产权制度和用途管制制度，划定生态保护红线，实行资源有偿使用制度和生态补偿制度，改革生态环境保护管理体制”。[①] 这里着重就自然资源产权、用途管制、生态红线以及改革生态环境保护管理体制作深度阐述。

第一，健全自然资源资产产权制度。产权是所有制的核心。习近平同志指出:“我国生态环境保护中存在的一些突出问题，一定程度上与体制不健全有关，原因之一是全民所有自然资源资产的所有权人不到位，所有权人权益不落实。”[②] 因而，要对水流、森林、山岭、草原、荒地、滩涂等自然生态空间进行统一确权登记，形成归属清晰、权责明确、监管有效的自然资源资产产权制度。自然资源产权制度的关键是明晰自然资源产权，并通过合理定价反映自然资源的真实成本，使市场同样

① 《在党的十八届四中全会第一次全体会议上关于中央政治局工作的报告》(2014年10月20日)，载《习近平关于社会主义生态文明建设论述摘编》，中央文献出版社2017年版，第106—107页。

② 《关于〈中共中央关于全面深化改革若干重大问题的决定〉的说明》(2013年11月9日)，载《十八大以来重要文献选编》(上)，中央文献出版社2014年版，第507页。

在生态环境资源的配置中起决定作用；资源性产品的价格应该包括两个方面：一是市场供求和资源稀缺程度所反映的产品的市场价格；二是资源性产品对生态系统影响所体现的生态价值。因此，“产权——产权制度——价格机制”也应当是健全自然资源产权制度的主线脉络。

第二，健全自然资源用途管制制度。它指的是由资源主管部门用科学的方法遵循科学的规律来规划资源用途，要求资源的所有者、使用者严格按确定的用途和条件使用资源的一种制度。这是国家超越产权规定对自然资源进行管理的制度。习近平同志指出：“国家对全民所有自然资源资产行使所有权并进行管理和国家对国土范围内自然资源行使监管权是不同的，前者是所有权人意义上的权利，后者是管理者意义上的权力。这就需要完善自然资源监管体制，统一行使所有国土空间用途管制职责，使国有自然资源资产所有权人和国家自然资源管理者相互独立、相互配合、相互监督。”①

第三，划定生态保护红线。生态红线是指为维护国家或区域生态安全和可持续发展，根据生态系统完整性和连通性的保护需求，划定需实施特殊保护的区域。生态红线主要分为重要生态功能区、陆地和海洋生态环境

① 《关于〈中共中央关于全面深化改革若干重大问题的决定〉的说明》（2013年11月9日），载《十八大以来重要文献选编》（上），中央文献出版社2014年版，第507页。

敏感区（脆弱区）和生物多样性保育区等。在传统意义上，生态红线更类似于发达国家的生态用地概念。习近平同志高度重视生态红线建设，多次强调要牢固树立生态红线的观念。我们要坚定不移实施主体功能区制度，建立国土空间开发保护制度，严格按照主体功能区定位推动发展，建立国家公园体制。建立资源环境承载能力监测预警机制，对水土资源、环境容量和海洋资源超载区域实行限制性措施。

第四，改革生态环境保护管理体制。改革生态环境保护管理体制，最重要的管理效能是要建立并完善适应生态文明建设新要求的环境管理体制，使环境管理从被动应对向主动防控转变，从控制局地污染向区域联防联控转变，从单纯防治一次污染物向既防治一次污染物又防治二次污染物转变，从单独控制个别污染物向多种污染物协同控制转变。

第二节　以全面依法治国保障生态文明建设

制度是人类社会为资源、权力、价值和利益分配而形成的各种规则总和，它可分为正式制度和非正式制度。前者具有强制性、阶段性特点，它的创新通过立法形式或即时完成；非正式制度具有自发性、非强制性、广泛性和持续性的特点，如伦理文化、约定俗成等。通过正式法律创新形式，可以把原来属于非正式制度的社会规范转化为正式的法律规范。法律制度是生态文明制度建设的根本保障。建设生态文明，其领导核心在于中国共产党。党建设生态文明的主张经人民的同意上升为国家意志和法律制度，取得了对全社会的普遍约束力，使党的决策主张由建议性、号召性的东西变成了强制性的东西，有利于贯彻执行。生态文明制度建设，概莫能外，归根结底，必须由法律制度实现对生态文明制度的根本保障。习近平同志指出："只有实行最严格的制度、最严密的法治，才能为生态文明建设提供可靠保障。"①生态文明法律制度的建立，也应在完善生态立法、规范生态执法、严格生态司法、完善公众参与制度等方面，形成重大突破。

一、科学立法是前提

随着生态文明建设的不断深入，我国现行的生态保护法律法规不能完全适应我国生态环境保护和建设的迫切需要。科学立法体系，即确保生态文明建设有法可

① 《在十八届中央政治局第六次集体学习时的讲话》(2013年5月24日)，载《习近平关于社会主义生态文明建设论述摘编》，中央文献出版社2017年版，第99页。

依，在指导思想上实现三重转变：一要努力推动生态文明建设立法从“生态环境保护要与经济发展相协调”原则，向“生态环境保护优先”原则转变，切实改变生态保护从属于经济发展的被动地位；传统立法以权利为出发点的立场，或者以权利为本位的法治意识应当得到根本的扬弃；从根本上讲，按照尊重自然、保护自然和顺应自然的生态文明理念，生态立法必须接受生态规律的约束，只能在自然法则许可的范围内编制。二要加速实现从重点强调立法的数量和速度，向更加注重生态文明建设立法的质量和效果的转变；促进环境法向生态法的方向发展，逐步实现中国环境法的生态化。三要把人民群众享有的环境权作为一种普遍权利和基本人权，切实面对我国生态环境发展的严峻性，主动回应人民关切；要完善科学立法、民主立法机制，创新公众参与的立法方式。

二、严格执法是关键

环境执法是保障生态环境安全的重要手段之一。由于历史和现实的各方面原因，我国环境保护行政执法目前仍存在种种问题和困难，部分地方领导环境意识、法制观念不强，对保护环境缺乏紧迫感，甚至把保护环境与发展经济对立起来，强调“先发展、后治理”“先上车、后补票”“特事特办”；一些地方以政府名义出台“土政策”“土规定”，给环境执法和监督管理设置障碍，导致不少特殊企业长期游离于环境监管之外，所管辖的地区环境污染久治不愈，环境纠纷持续不断；一些企业甚至暴力阻法、抗法。基此，一要整合执法主体，推进综合执法，着力解决权责交叉、多头执法问题；二要建立权责统一、权威高效的行政执法体制。2016 年 1 月，由环保部牵头成立，中纪委、中组部的相关领导参加的中央环保督察组成立，代表党中央、国务院对各省（自治区、直辖市）党委和政府及其有关部门开展环境保护督察。中央环保督察坚持问题导向，重点盯住中央高度关注、群众反映强烈、社会影响恶劣的突出环境问题，重点检查环境质量呈现恶化趋势的区域流域及其整治情况，重点督办人民群众反映身边环境问题的立行立改情况，重点督察地方党委和政府及其有关部门环保不作为、乱作为的情况，重点了解地方落实环境保护党政同责和一岗双责、严格责任追究等情况。从 2015 年底至 2017 年 9 月，在不到两年时间里，中央环保督察已覆盖全国 31 个省（自治区、直辖市）。全面督察、铁腕问责使得以往“说起来重要、做起来次要、忙起来不要”的环境保护工作上升到了其应有的位置，环境保护的压力从中央层层传导到各级地方政府，决心广泛传递到普通群众，取得良好效果，极大凸显严格执法是确保环境保护取得实实在在成效的关键。

三、公正司法是保障

习近平同志指出：“司法是维护社会公平正义的最后一道防线。”[①]“生态环境和资源保护等，由于与公民、法人和其他社会组织没有直接利害关系，使其没有也无法提起公益诉讼，导致违法行政行为缺乏有效司法监督，不利于促进依法行政、严格执法、加强对公共利益的保护。”[②]我们一定要改变环境保护案件取证难、诉讼时效认定难、法律适用难、裁决执行难的“老大难”问题，加大“两院”强力推进环境司法力度；同时借用全社会的合力，增大环境公益诉讼的比重。基于此，一要严惩生态环境违法犯罪行为，坚决维护生态安全；二要严厉惩治国家工作人员玩忽职守、滥用职权；三要完善环境公益诉讼，推进环境公益诉讼，维护人民群众环境基本权益。

四、全民守法是基础

法律的权威源自人民的内心拥护和真诚信仰。人

① 《习近平关于〈中共中央关于全面推进依法治国若干重大问题的决定〉的说明》，《人民日报》2014 年 10 月 29 日。

② 《习近平关于〈中共中央关于全面推进依法治国若干重大问题的决定〉的说明》，《人民日报》2014 年 10 月 29 日。

民权益要靠法律保障，法律权威要靠人民维护。必须弘扬社会主义法治精神，使全体人民都成为社会主义法治的忠实崇尚者、自觉遵守者、坚定捍卫者。孔子提出："道之以政，齐之以刑，民免而无耻；道之以德，齐之以礼，有耻且格。"生态环境是最公平的公共产品，是最普惠的民生福祉。每一个生活在地球上的人，其生存、发展和最后融入自然，莫不与环境相关。现在，新的《中华人民共和国环境保护法》已正式实施，它既规定了公民个人、企业单位、社会组织、各级政府、环保部门等各方主体的基本职责、权利和义务，也规定了相应的保障、制约和处罚措施。我们每一个公民要以遵法为前提，更好地维护新环保法赋予自身的权益。

第三节　以全面从严治党促进生态文明建设

党的十八大以来，以习近平同志为核心的党中央，立足实现中华民族伟大复兴的中国梦，立足"五位一体"中国特色社会主义建设事业总体布局，反复强调积极建设生态文明，全党上下要把生态文明建设作为一项重要政治任务，以抓铁有痕、踏石留印的精神，真抓实干、务求实效，把生态文明建设蓝图逐步变为现实，从源头上扭转生态环境恶化趋势，为人民创造良好生产生活环境，努力开创社会主义生态文明新时代。

一、全面从严治党社会主义生态文明建设最根本的保证

党的领导是中国特色社会主义最本质的特征。全面从严治党是实现社会主义现代化的根本保障，也是社会主义生态文明建设最根本的保证。要坚持党总揽全局、协调各方的领导核心作用，统筹生态文明建设各领域工作，确保党的主张贯彻到生态文明建设的全过程和各方面。当前和今后一个时期，各级党委和政府要持续深入改进工作作风，严格按照“三严三实”的要求，努力做到忠诚干净担当，坚决杜绝以污染环境、破坏生态为代价，搞“形象工程”“面子工程”，坚决摒弃拍脑袋作决策，脱离实际贪大求洋，对环保领域的腐败和不作为现象零容忍，切实还百姓更多的碧水蓝天。

二、推进生态文明国家治理体系和治理能力现代化

全党都要树立尊重自然、顺应自然、保护自然的生态文明理念，不断增强对马克思主义自然辩证法、习近

平新时代生态文明建设思想的学习、熟知、深谙和运用自如；切实形成风气，增强主动应对、主动化解环境风险挑战的基本素养，以俯身问切百姓疾苦的主动精神和姿态，积极回应人民群众的新期待，下大力气、率先着力解决人民群众吃饭、呼吸和饮水安全问题，以面向未来的建设性眼光，推进生态文明国家治理体系和治理能力现代化。要制定实施基于环境质量改善目标的政策措施，统筹协调污染治理、总量减排、环境风险防范和环境质量改善的关系，形成以环境质量改善倒逼总量减排、污染治理，进而倒逼转方式调结构的联合驱动机制；不断创新环境管理方式，从以约束为主转变为约束与激励并举，更多地利用市场机制和手段来引导企业环境行为；推进多元共治，完善社会监督机制，强化环境信息公开，促进环保社会组织健康发展，构建全民参与的社会行动体系；推进环保行政审批制度改革，完善管理体制机制，加强环保能力建设。

三、不断促进人与自然和谐发展

恩格斯指出："我们这个世纪面临的大变革，即人类同自然的和解以及人类本身的和解。"共产主义"作为完成了的自然主义，等于人道主义，而作为完成了的人道主义，等于自然主义，它是人和自然界之间、人和人之间的矛盾的真正解决，是存在和本质、对象化和自我确证、自由和必然、个体和类之间的斗争的真正解决”。此外，在共产主义社会里，人与自然的物质交换将更加合理化，“而不让它作为盲目的力量来统治自己；靠消耗最小的力量，在最无愧于和最适合于他们的人类本性的条件下来进行这种物质变换”。共产党人既要有建设生态文明、实现中华民族伟大复兴、为共产主义事业奋斗终生的信仰，也要有主动转变生活方式、弘扬中华传统文化，修身、齐家、治国、平天下的自觉。

第五章　生态文明建设融入文化建设

第一节　建设生态文明需要传统生态智慧[①]

当今时代，全球面临资源约束趋紧、环境污染严重、生态系统退化的共同挑战。应对挑战，需要多管齐下、多方共济，其中很重要的一个方面就是以文化的软实力构筑生态文明建设的硬实力。中国传统文化饱含着系统丰富的生态智慧，今天依然为当代生态文明建设提供深远的启发和宝贵的经验。习近平同志深刻指出，中国优秀传统文化中蕴藏着解决当代人类面临难题的重要启示。面对"人与自然关系日趋紧张"这一突出难题，

① 黄承梁：《建设生态文明需要传统生态智慧》，《人民日报》2015年1月15日。

包括“道法自然、天人合一”在内的中国传统文化的丰富哲学思想、人文精神、教化思想、道德理念等，可以为人们认识和改造世界提供有益启迪。

一、中国传统文化饱含着系统丰富的生态智慧

“天地人和”“元亨利贞”是《周易》关于人与自然关系的自然和合观。“天地人和”是《周易》对宇宙结构和宇宙整体的看法。《易·序卦传》曰：“三才者，天地人”；“元亨利贞”是《周易》说明万物既有从始到终过程而又和谐一体的基本理念。《易·乾卦》曰：“乾，元亨利贞。”象曰：“天行健，君子以自强不息”。即说天之道，在于生生不息、周而复始，君子要像天道一样自强不息，求知进取。“天地人和”和“元亨利贞”是相互联系、和谐统一的整体。“有天地，然后有万物；有万物，然后有男女”，天、地、人既相互独立，又“保合太和，乃利贞”。和合思想滋养了中国人强烈的悲天悯人的意识，使中华民族的文化基因里浸透着对大自然生命的珍视，对中国传统文化的发展产生了极其广泛而久远的影响。

“天人合一”“与天地参”是儒家关于人与自然关系的最基本思想。汉儒董仲舒说：“天人之际，合而为一。”季羡林对此解释为：“天，就是大自然；人，就是

人类；合，就是互相理解，结成友谊”。如何实现天人合一，《中庸》曰：“唯天下至诚，为能尽其性，则能尽人之性；能尽人之性，则能尽物之性，则可以赞天地之化育，则可以与天地参矣。”意思是说，人把握了天生的“诚”（天地之本），发展人和万物的本性，就可以尽物之性、尽人之性，从而赞助天地万物的变化和生长，使万物生生不息，人就可以同天地并列为三（“参”即三），实现天地人的和谐发展。用今天的话说，就是自然、经济和社会的可持续发展，这是人类社会发展的至高目标。天人合一观为两千年来儒家思想的一个重要命题，确立了中国哲学和中华传统的主流精神，显示出中国人特有的宇宙观和中国人独特的价值追求以及思考问题、处理问题的特有方法。

“道法自然”“通常无为”的道家思想蕴涵着现代生态文明的基本理念。《老子》第二十五章曰：“人法地，地法天，天法道，道法自然”；第三十七章又曰：“道常无为，而无不为。”前者是老子思想精华之所在，它把自然法则看成是宇宙万物和人类世界的最高法则。老子认为，自然法则不可违，人道必须顺应天道，人只能是“效天法地”，要将天之法则转化为人之准则，必要顺应天理；后者是道家学说的理论基础，指出道化生天地万物，任其自然生长，其表现是无为的，但从其结果来看，没有一样不是生机有序的。因而，道表现无为，结果有为。它告诫人们不妄为、不强为、不乱为，要顺其自然、因势利导地处理好人与自然的关系。党的十八大要求树立尊重自然、顺应自然、保护自然的生态文明理念，这与道家道法自然的思想是不谋而合的。

“众生平等”“大慈大悲”的佛教思想是维护生态平衡，维护生物多样性的至高道德。佛教主张众生平等，《大乘玄论》云：“不但众生有佛性，草木亦有佛性也……若众生成佛时，一切草木亦得成佛。”主张尊重生命，反对滥杀滥伐和破坏生态平衡；佛教主张大慈大悲，《妙法莲花经・譬喻品》云：“大慈大悲，常无懈倦，恒求善事，利益一切。”既要救其死，又要护其生。这种“放生”的精神对于维护生态平衡，维护生物的丰富性与多样性，具有很强的现实意义。《联合国生物多样性公约》指出：“缔约国意识到生物多样性的内在价值……还意识到生物多样性的保护是全人类的共同关切事项。”20世纪70年代，英国史学家汤因比说：“将来这个世界会统一……我相信是文化，是文化的统一，也就是大乘佛法跟孔孟学说。”佛教虽为外来文化，但很好地实现了与中国本土文化的融合，对中国文化产生了很大影响和作用，在中国历史上留下了灿烂辉煌的佛教文化遗产，成为中华传统文化的重要组成部分。

二、老子“道”思想对生态文明建设的独特意义

老子是享誉世界的大哲学家、大思想家，他在古老中国情感本位意识背景下开创了中国“道”的哲学，使之成为中华民族先贤关于宇宙、关于自然、关于人生、关于社会演变及其发展规律、客观存在的大智慧、大哲学。老子之道的哲学，首先是整体思维与和谐思维的哲学，然又首推“道可道，非常道”的本体道、“道生万物”的母体道和“道法自然”的宇宙存在与运行的规则道。也就是说，老子之道不仅是一种宇宙生成论，更是一种指导人们社会实践的方法论和伦理思想体系。在老子的哲学体系中，“道”不仅是宇宙万物的根源，也是人类道德实践的终极依据。可以说，老子之道奠定了轴心时代中华文明的基础，对当代生态文明建设价值取向尤具有独特的理论和实践意义。

一是“本体道”：道可道，非常道；名可名，非常名。张岱年说：“道是中国古典哲学中的第一个本体概念。老子是中国古代哲学本体论的创始人。”《庄子·天地》中说：“夫道，覆载万物者也，洋洋乎大哉！无为为之之谓天，无为言之之谓德，爱人利物之谓仁，不同同之之谓大。”

二是“母体道”：道生一，一生二，二生三，三生万物。这里的“一”，是老子用以代替“道”这一概念

的数字表示。“道”在老子那里，本来就被设定为宇宙生成的本原和万物的创生者。当老子用“一”来说明世界万物的根源和统一性时，“一”原本所代表的“数之始”的意义，转而就具有了“万物之始”的内涵。“一”本身不仅是“道”的名称，而且又是“道”本身，具有与“道”一样能够成为万物存在与活动的基础与根据的超越本性和无限力量。故而，《老子》说：“载营魄抱一”（第十章），“是以圣人抱一为天下式”（第二十二章）。庄子也说：“人地一，万事毕。信斯言也。道果生于一矣，果能此道矣。”“二”指阴气、阳气。“道”本身就包含着阴阳对立的两方面，阴阳二气涵育而成的一个统一体即为“道”。因此，对立着的双方都包含在“一”中。“三”是由相互对立着的双方相互交融所产生的第三者。天地万物，都是“负阴而抱阳”的统一体。但把阴阳二性中和、调和在一起的力量，老子称为“冲气”，也可以称之为“中气”“和气”。冯友兰先生解释说：“这里说的有三种气：冲气、阴气、阳气。我认为所谓冲气就是一，阴阳是二，三在先秦是多数的意思。二生三就是说，有了阴阳，很多的东西就生出来了。”①

三是“规则道”：人法地，地法天，天法道，道法自然。人类所认识到的世界是无限多样的，概而言之，

① 冯友兰：《老子哲学讨论集》，中华书局1959年版，第41页。

无非就是天、地、人。但效法、学习、遵循很重要。[①]第一，在老子这里，首先是人要法地。因为大地负载万物，替人类承担了一切、提供了一切，人体生命的存续，全靠大地来维持。人想要活得好，做事情就必须合乎“地理”。可以说，这与古代的堪舆术思想与方法有着根源上的一致性。第二，地和地上的万物受制于天，因为天时之风雷涌动、日月盈亏、光亮明晦，时刻制约着大地，若天不降下雨雪，地就会干裂；若降下雨雪一分不多、一分不少，则大地丰盈，万物繁茂。所以，即便是地大物博，也要合乎“天时”，故要“地法天”。第三，“天”向来被看成是具有神秘力量的存在，然而老子的“天”摆脱了神的存在，指向天时、天体运行的规律，这个规律就是“道”，是天本身具有的能量。故要“天法道”。由此，天、地、人这三才，作为客观的存在，都要遵循一定的法则、规律而不能逾越，打破这个规律是要受到惩罚的。

总之，正是在以上意义上，“道”就是“母”，“母”就是“道”，就是“无名，天地之始；有名，万物之母”。天下万物都有其发端，此发端即为天下万物之根——“母”。得到万物之根，便可探究万物；守住万物之根，就能把握万物的规律性，那么终身都不会有危险。老子

① 党的十八大报告强调的“树立尊重自然、顺应自然、保护自然”的思想，与此有异曲同工之妙。

把“道”比喻为“母”，赋予其“母”的特性，认为它具有强大的生命力，它生养万物而生生不息，它超然独立而永不衰竭。正是具有了“母”的特性，“道”才是永远不变的，才具有了强大的生化能力，且万物各得其位、各得其养、互相促进、共存共荣。总之，整体一旦构成，就会激活它所包含着的每一个局部。换言之，局部在整体的激发下才能够焕发勃勃生机。

从本体论和母体论的视角看，当代的生态问题，工业文明总以为能够以一物降一物、以一种技术去克服另一种技术难题的征服者姿态去解决。整个工业生产就像一台紧绷着弦的大机器，无视自然的生态承载力，令人生畏、无以复加地用一部分设备进行产品生产，一部分设备进行废弃物净化处理，没有停歇的任何迹象。其结果却是制造出了更加积重难返、耗尽资源、生态系统破坏的更大难题。可以说，由西方主要发达国家主导近三百年间的工业文明及与工业文明相伴而生的一系列人类社会精神、政治和社会存在领域的痛疾，目前仍然是在击鼓传花，未从也不会从根本上得到解决。这是因为，工业文明和与之相伴的所谓现代科学，“以一种传统机械论方式展示宇宙”，一是强调人与自然主客二分，思维与物质分离和对立；二是把世界看成一台机器，由许多可以分割的构件组成，这些构件的性质和作用决定自然整体；三是遵循简化论方法，强调分析性思维，使科学沿着不断分化的方向发展，忽视各种现象和过程之间的普遍联系和相互作用，从而使我们的认识远离真实世界，远离万事万物运行的宇宙整体观及其“天道”的运行规则。

从规则论的视角看，当代社会物质文明成果的取得，主要是“资源—产品—消费—废物”为流程的物质单向流动的线性经济的恶果。人类的社会物质生产主要有两个行动：一是“巧取豪夺”，随心而取，把外界自然作为可供人无度索取资源的大型仓库，且人类对自然索取的能力随社会经济和技术的发展越来越强，数量越来越大，种类越来越多；二是将人类所有剩余物排放到大自然，大自然被当作可以任意排污的垃圾桶，且排放的数量越来越大、物质成分越来越复杂、有毒有害的难以分解的物质越来越多。因而，它是“反自然”的。当然，自然也在增大报复人类的力度。习近平同志指出，“很多国家，包括一些发达国家，在发展过程中把生态环境破坏了，搞起一堆东西，最后一看都是一些破坏性的东西。再补回去，成本比当初创造的财富还要多”。党的十九大报告特别指出：人与自然是生命共同体，人类必须尊重自然、顺应自然、保护自然。人类只有遵循自然规律才能有效防止在开发利用自然上走弯路，人类对大自然的伤害最终会伤及人类自身，这是无法抗拒的规律。老子之道强调法自然，尊崇自然，强调“反（返）

者，道之动”，注重维护生态平衡，因而有利于社会的可持续发展。

三、中国传统文化生态智慧对当代生态文明建设的启迪

文化是民族的血脉，是人民的精神家园。中华民族有自己独特的生态智慧，这就是天人合一、道法自然、众生平等。它们最为显著的共同特征，就是人类能够在“与天地参”的整体性中实现“上下与天地合流”或“与天地合其德”。联合国教科文组织《文化政策促进发展行动计划》指出：“发展可以最终以文化概念来定义，文化的繁荣是发展的最高目标。”中华文明曾经为世界文明的发展作出过重要贡献。当今建设生态文明，尤其需要尊重自然价值，准确把握滋养中国人的文化土壤。美国环境伦理学会的创始人罗尔斯顿指出：“传统西方伦理学未曾考虑过人类主体之外的事物的价值。……在这方面似乎东方很有前途。东方的这种思想没有事实和价值之间，或者人与自然之间的界限。在西方，自然界被剥夺了它固有的价值，它只有作为工具的价值。”当今时代，以习近平同志为核心的党中央，准确把握经济发展新常态，作出建设“丝绸之路经济带”和“21 世纪海上丝绸之路”（“一带一路”）的重大战略部署，提

出人类命运共同体思想。这都将使中华传统文化及其生态智慧获得复兴和崛起的战略机遇，也必将为当代中国和世界的生态文明建设作出独特而重大的贡献。我们必须全面传承和发扬中华传统优秀生态智慧，使古老东方生态智慧在21世纪复兴和展现它对于以生态文明构筑人类命运共同体的传统优势和独特价值。

第二节　生态文明与现代大学的绿色教育使命[①]

“高等教育是优秀文化传承的重要载体和思想文化创新的重要源泉”[②]。“任何一所大学，自其诞生之日起，由于她的语言的民族性，她的育人的目的性，她的与知识发生联系的生活方式，她的组成者对至善的追求等，这些因素决定了其从一开始，就在承担着文化使命。”[③]生态文明，归根结底，是人类社会更高的文明形态，是先进文化的内在价值。高等教育曾经为世界范围内的现

① 黄承梁：《生态文明与现代大学的教育使命》，《中国高等教育》2013年第9期。
② 胡锦涛：《在清华大学百年校庆大会上的讲话》，《北京日报》2011年4月25日。
③ 徐显明：《文化传承创新：大学第四大功能的确立》，《科学时报》2011年8月25日。

代化进程提供了不竭的知识动力。同样，在知识经济、信息时代和智力资本占主导地位的21世纪，寻求人与自然之间的平衡、促进社会的可持续发展，也是现代大学的不懈追求、历史使命和责任担当。探讨生态文明与现代大学的绿色教育使命，需要从文明与文化、现代科学发展与生态文明兴起、生态文明教育的基础性地位等背景考察两者之间的内在逻辑，也是进而探寻生态文明融入文化建设的重要路径。

一、先进文化是人类达到文明社会的手段

文明和文化都是人类创造的成果，但是，文明成果都是积极和进步的；文化的成果除了积极和进步的，还有落后和消极的。先进的思想文化是人类取得文明成果、达到文明社会的手段。纵观人类经济社会发展史，可以发现，任何技术进步和制度创新背后都有深厚的文化支撑，技术和制度只是文化土壤上长出的智慧之果。以近代欧洲为例，文艺复兴运动的文化催生了科学文化的兴起和工业革命的到来，并导致了强大的工业文明的形成。

13—16世纪的文艺复兴运动，首先在意大利兴起，接着欧洲先进国家的资产阶级先进知识分子冲破教会神学的束缚，高举人文主义精神，冲击宗教神权的束缚和

禁锢，解放人们的思想，成为资产阶级革命的先声。在文学领域，但丁的《神曲》、彼特拉克的《歌集》、薄伽丘的《十日谈》，提倡科学文化，反对蒙昧主义，批判宗教愚昧和禁欲主义，肯定人权和反对神权，被视为文艺复兴的宣言；在艺术领域，达·芬奇的《最后的晚餐》、拉斐尔·桑西的《卡斯蒂廖内·巴尔达萨雷伯爵像》、米开朗基罗·博那罗蒂的《末日审判》等，体现了人文主义思想和精神。文艺复兴运动又推动了近代科学的繁荣，产生了16—19世纪的三次科学革命，即哥白尼《天体运行论》提出的日心说、牛顿《自然哲学的数学原理》提出的万有引力定律和达尔文《物种起源》创立的生物进化论。资产阶级就是在这种斗争中，以他们的政治和经济发展成就了工业文明。

文化是民族的血脉，是人民的精神家园。在当代中国，文学、艺术、教育、科学等精神财富的文化，越来越成为民族凝聚力和创造力的重要源泉。建设生态文明，须臾不能离开文化范畴的深入考量。生态文化既是历史发展的必然，又是大发展大变革大调整时期增强国家文化软实力和中华文化国际影响力的重要支撑。这是因为：人类文化以自然文化—人文文化—科学文化—生态文化的模式发展。远古时代，人类最早的文化是自然文化。那时人类的生活，既是自然而然的，又是与自然融为一体的，人的生活同动物一样服从生态规律，完全受自然条件的制约，具有更多的“自然性”；古代社会，人类文化是人文文化。它的重要特点是重视自然的同时，重视人伦和人事，人文科学已经达到非常高的成就，自然科学仍以经验的形式存在和发展，古代光辉灿烂的农业文明主要是人文文化的成果。中国人文文化达到当时世界最高成就；现代社会，人类文化是科学文化。工业文明以科学技术进步为核心。科学技术发展对社会的影响，不仅表现在经济方面，使人类生活现代化，而且表现在政治和其他文化方面，它推动社会的全面进步；现在人类社会正在经历一次伟大的根本性变革，即从工业文化到生态文化的发展。生态文化作为一种新文化，是人类新的生存方式。没有社会主义生态文化的繁荣发展，就没有社会主义的生态文明；实现中华民族的伟大复兴，必然伴随中华生态文化的繁荣兴盛。

二、大力加强生态文化传播，引领生态文明

文化、文明和教育是紧密联系在一起的，教育的发展水平直接体现了文化与文明的发达程度。在我国古代典籍中，文明是“龙行天下，其德刚健”；文化是“文德教化”。《易经·乾卦》：“见龙在田，天下文明”；《易经·大有卦》：“其德刚健而文明，应乎天而时行，是以元亨”。西汉刘向在《说苑·指武》中写道：“圣人之治

天下也，先文德而后武力。凡武之兴为不服也。文化不改，然后加诛。”特定的文化、文明对教育有特定的要求，文化、文明离不开教育的维持，教育体现了文化、文明的性质和水平。繁荣生态文化，引领倡导生态文明，是现代大学神圣而厚重的绿色教育使命。“守护、传承、创新软实力，已是大学必须承担的新功能，也即大学应有的第四大功能。这个功能实现得如何，不仅决定着大学的水平与质量，也决定着她对国家和民族的意义”。“当今世界上，有四种主流文化。其一是崇尚科学，追求真理的科技文化，该文化对应着我们的物质文明；其二是以人为本的人道主义文化，该文化对应着我们的精神文明；其三是公权与私权相和谐的法治文化，该文化对应着我们的政治文明；其四是人与自然和谐的绿色文化，该文化对应着我们的生态文明。这四种文化均可以说是从旧文化中扬弃而来的。它们都形成于大学，并由大学播扬而进入社会，并传至于后世”。

生态文化在国外由命名“绿色大学”的大学担负新使命。1985 年，意大利创办了四所绿色大学，1986 年又增加十所这样的大学，主要讲授生态学，包括生态平衡、经济与生态之间的关系、分析生态系统、替代能源、生态农业、天然食物和废物处理等课程，深入研究环境保护的对策。有媒体评论指出，绿色大学一个接一个地开办，这是一个很明显的迹象，表明社会各阶层的人都逐渐对生态文化产生了兴趣。这促使中国的学者也在更深的层次观察和理解这两大主题，并促使我国大学的环境教育迈向生态文明教育，实现了历史性的两大转变。

一是生态文明教育的道德文化体系加速构建。生态文明倡导对自然的尊重、理解和保护，要求人类以道德方式处理与自然环境的关系；提倡人类对自然的文明并承担对自然的道德责任，是一种主张人与自然平等友善关系的新价值观。“大学之道，在明明德，在亲民，在止于至善”。大学正是通过“明德”“正道”和“求善”才引领和示范一个民族文化基础形成的。建设生态文明，加强生态文明教育，尤要完善中华优秀传统文化教育。习近平同志指出：“一个国家、一个民族的强盛，总是以文化兴盛为支撑的，中华民族伟大复兴需要以中华文化发展繁荣为条件。”“国无德不兴，人无德不立。必须加强全社会的思想道德建设，激发人们形成善良的道德意愿、道德情感，培育正确的道德判断和道德责任引导人们向往和追求讲道德、遵道德、守道德的生活，形成向上的力量、向善的力量。”[①]开展绿色教育，弘扬中华传统优秀文化，是大学绿色教育的第一要义。

二是生态文明教育的法治文化体系加速构建。制度

---

① 新华社：《习近平在山东考察：汇聚全面深化改革的正能量》，《齐鲁晚报》2013年11月29日。

机制、法制建设是生态文明建设的法治保障；良好、完整的法律体系是经济和社会稳定发展的前提与基石。加强大学生态文明法治文化建设不仅是适应加快建设社会主义法治国家的迫切需要，也是大学深化自身依法建设生态文明的需要，而且由此培育的法治理念、信仰、价值，关系到我国生态文明的长效机制、长期成果，关系到生态文明的传承发展。当前，生态文明教育的法治文化体系逐步形成，法律至上、制度至上、代际公平正义、保障环境权的基本理念正在加速普及。法律基础课程作为法治理念教育的主要渠道有序建立。在生态文明建设视野下，我国现有的法律体系已经作出相应的变革，将以往忽略于制度调整之外的环境、生态利益纳入调整的范围。

三、推动自然科学——技术科学——社会科学相互转化和统一

现时代，绿色教育、生态文明教育迫切地成为高等教育发展的时代课题。在传统上，高等教育将社会科学、人文科学与自然科学分化乃至对立。社会科学强调人与自然的本质区别，从人的社会性的角度研究纯社会规律；自然科学则从生命和自然的角度研究纯自然规律。社会科学在研究社会现象时，把自然因素抽象掉，

研究所谓纯社会规律；自然科学在研究自然现象时，把人与社会的因素抽象掉，研究所谓纯自然规律。它们不仅研究对象完全不同，而且研究方法和思维方式也完全不同，全然不搭界地并行发展，从而形成完全不同的两种知识体系，两种不同的学术和思维传统。马克思和恩格斯指出："历史可以从两个方面来考察，可以把它们划分为自然史和人类史。但这两方面是密切相连的；只要有人存在，自然史和人类史就彼此互相制约。"在这里，社会与自然没有不可逾越的鸿沟，作为统一整体，脱离自然的社会，或脱离社会的自然，都是不可能的。现实的自然界是人类学的自然界。特别是随着人类社会发展，人工自然不断扩大，纯自然过程退缩，社会因素扩大，无论社会向自然渗透，还是自然向社会渗透，都在加速进行，产生了"社会的自然"和"生态的社会（历史）"。绿色教育推动科学技术发展模式变化，促进自然科学—技术科学—社会科学的相互渗透和统一。

基于此，生态文明教育或绿色教育，已不仅仅局限于一般的热爱自然、保护环境和节约能源与资源的教育；局限于校园建设绿化、讲求卫生和改善生活条件；局限于开设环境科学和技术、环境保护和环境伦理学等课程，以及设置这些学科的专业和学位，它们都只是绿色教育的一部分，甚至不是最主要的部分。它不仅要求加强环境科学专门院校或环境科学系、环境保护专业建设，而且要求大学承担起建设生态文明的绿色教育使命，推动大学发展模式的转变，包括办学目标、办学理念、教学目标、教学内容、教学方法和思维方式等一系列转变。绿色教育以培养一代具有绿色思想乃至思潮以及掌握真正绿色技术的新型人才为第一功能，使他们掌握新的有利于生态保护系统知识，创造和开发“绿色技术”，传播生态文明理念，推动社会“绿色生产力”的发展，形成人与自然和谐相生的发展方式、产业结构和消费模式。

实践发展永无止境，解放思想永无止境，改革开放永无止境。大学需要对历史的永恒作出选择与承诺。面对新形势新任务，大学必须在新的历史起点上全面深化改革，积极建设生态文明，弘扬生态文化，开展绿色教育，建立系统完整的生态文明制度体系，不断增强“绿色大学”发展的道路自信、理论自信、制度自信和文化自信，为推动形成人与自然和谐相处的现代化建设新格局，实现美丽中国和中华民族伟大复兴中国梦作出高等教育应有的时代贡献。

第六章　生态文明建设融入社会建设

第一节　人民对美好生活的向往，就是我们的奋斗目标

“我们的人民热爱生活，期盼有更好的教育、更稳定的工作、更满意的收入、更可靠的社会保障、更高水平的医疗卫生服务、更舒适的居住条件、更优美的环境，期盼孩子们能成长得更好、工作得更好、生活得更好。人民对美好生活的向往，就是我们的奋斗目标。”①2012 年 11 月 15 日，习近平同志在新一届中央

---

① 习近平:《人民对美好生活的向往就是我们的奋斗目标》(2012 年 11 月 15 日)，载《十八大以来重要文献选编》(上)，中央文献出版社 2014 年版，第 70 页。

政治局常委同中外记者见面时的这段讲话，朴实亲切、饱含深情，温暖了亿万人的心。党的十八大以来，党中央坚持以民为本、以人为本执政理念，把民生工作和社会治理工作作为社会建设的两大根本任务，高度重视、大力推进，改革发展成果正更多更公平惠及全体人民。

一、大力推进生态文明建设是不断满足人民日益增长的美好生活需要的内在要求

就生态文明而言，大力推进生态文明建设是坚持以人民为中心思想，不断满足人民日益增长的对美好生活需要的内在要求。改革开放以来，我国城乡居民的生活水平有了很大提高，老百姓物质文化生活需求的具体内容也在不断升级变化，不仅要满足对农产品、工业品和服务的需求，对生态产品的需求越来越迫切。满足人民群众日益增长的生态产品需求日益成为人民生活水平和质量的一个重要标志。在城市，人民群众期盼的“舌尖上的安全”、清洁空气、洁净饮水、良好气候、优美环境等优质生态产品和健康需求还不能得到有效满足。在农村，生存条件简陋、环境脏乱差的问题还比较突出，相当一部分人喝不上干净水。可以说，生态产品短缺已经成为制约我国民生建设的“短板”，成为影响

人民群众幸福感的重要因素。大力推进生态文明建设，让老百姓喝上干净的水、呼吸新鲜的空气、享用绿色的植被，吃上放心的食物、生活在宜居的环境中，满足城乡广大人民群众的生态产品需求，是全面建成小康社会的应有之义。这既是我们党以人为本、执政为民理念的具体体现，也是对人民群众生态产品需求日益增长的积极响应，还是提高人民福祉，建设美丽中国、幸福中国的出发点和落脚点。①

二、生态文明建设也是民意所在

生态文明是民意所在。近年来，一些地区的污染问题集中暴露，雾霾天气、饮水安全、土壤重金属含量过高等等，社会极其关注，群众反映强烈。“要把生态文明建设放到更加突出的位置，这也是民意所在”，② 习近平同志反复强调这一问题的极端重要性。“既要金山银山，也要绿水青山”，③“既要为当代发展着想，更要为

① 马凯：《坚定不移推进生态文明建设》，《求是》2013 年第 9 期。

② 《在十八届中央政治局常委会会议上关于第一季度经济形势的讲话》（2013 年 4 月 25 日），载《习近平关于社会主义生态文明建设论述摘编》，中央文献出版社 2017 年版，第 83 页。

③ 《在十八届中央政治局常委会会议上关于第一季度经济形势的讲话》（2013 年 4 月 25 日），载《习近平关于社会主义生态文明建设论述摘编》，中央文献出版社 2017 年版，第 83 页。

子孙后代着想”。[1] 在推进生态文明建设的国家战略下，要什么样的发展、怎样发展，已成社会共识，也带来很大变化。不能再以粗放式发展对资源进行掠夺式开发，不能再以牺牲生态环境为代价发展经济，这些道理大家都很清楚。从经济发展的角度，保护环境、转变方式的重要性，也已经说得很透彻了。如果说在这个问题上，还需提升认识，那就是各级领导干部都要清醒地看到，环境问题不仅是经济问题，也是社会问题；不仅是社会问题，也是政治问题。

曾有人这样总结，“三十多年前人们求温饱，现在要环保；三十多年前人们重生活，现在重生态”。作为执政党，我们要看到这种发展中的期望，并且顺应这种期待。今天的人民群众，不是对 GDP 增速不快不满，而是对生态环境不好不满。食物丰足了，但吃得不安全了；城市繁华了，但空气污染了。这不符合科学发展的要求，这样的生活怎么能幸福？中央一再强调，一切工作，都要从百姓满意不满意、答应不答应出发。一代人有一代人的责任。解决问题确实需要时间、也必须有个过程，我们用几十年的时间走完了西方发达国家几百年的路，快速发展起来之后的环境问题必然更加突出。但

① 《在十八届中央政治局常委会会议上关于第一季度经济形势的讲话》（2013 年 4 月 25 日），载《习近平关于社会主义生态文明建设论述摘编》，中央文献出版社 2017 年版，第 83 页。

这不是可以坐等无为的借口。“利用倒逼机制，顺势而为”，这是中央提出的明确要求。坚决落实中央部署，严格执行中央政策，我们才能用扎实的行动和成效，让环境发生变化，让人民幸福生活。

三、实现经济发展和民生改善良性循环

习近平同志指出：“让老百姓过上好日子是我们一切工作的出发点和落脚点。”① 我们党来自人民、植根人民、服务人民，是全心全意为人民服务的政党，无论干革命、搞建设还是抓改革，都是为了让人民过上幸福生活。检验我们一切工作的成效，最终都要看人民是否真正得到了实惠，人民生活是否真正得到了改善。

增进民生福祉是坚持立党为公、执政为民的本质要求。不断改善民生是推动发展的根本目的。我们的发展是以人为本的发展。我们要全面建成小康社会、进行改革开放和社会主义现代化建设，就是要通过发展社会生产力，满足人民日益增长的物质文化需要，促进人的全面发展。如果我们的发展不能回应人民的期待，不能让群众得到看得见、摸得着的实惠，不能实现好、维护

① 《让老百姓过上好日子》，《人民日报》2016 年 5 月 6 日。

好、发展好最广大人民根本利益，这样的发展就失去意义，也不可能持续。

四、抓住人民最关心最直接最现实的利益问题

习近平同志指出：“良好生态环境是最公平的公共产品，是最普惠的民生福祉。”[①] 多年来，我们大力推进生态环境保护，取得了显著成绩。但是，改革开放以来近四十年的快速发展，积累下来的生态环境问题日益显现，进入高发频发阶段。比如，全国江河水系、地下水污染和饮用水安全问题不容忽视，有的地区重金属、土壤污染比较严重，全国频繁出现大范围长时间的雾霾污染天气，等等。这些突出环境问题对人民群众生产生活、身体健康带来严重影响和损害，社会反映强烈，由此引发的群体性事件不断增多。这说明，随着社会发展和人民生活水平不断提高，人民群众对干净的水、清新的空气、安全的食品、优美的环境等的要求越来越高，生态环境在群众生活幸福指数中的地位不断凸显，环境问题日益成为重要的民生问题。

---

① 《在海南考察工作结束时的讲话》（2013 年 4 月 10 日），载《习近平关于社会主义生态文明建设论述摘编》，中央文献出版社 2017 年版，第 4 页。

第二节　以全面建成小康社会引领生态文明建设

实现中华民族伟大复兴的中国梦，是全党和全国各族人民的夙愿和共同追求。党的十八大以“两个一百年”作为奋斗目标铸就中国梦。全面建成小康社会，即实现中国梦的第一个百年梦。物质文明、精神文明、政治文明、社会文明和生态文明，共同构成全面建成小康社会的理想追求。“小康全面不全面，生态环境质量是关键。”[①]大力推进生态文明建设，让老百姓喝上干净的水、呼吸上新鲜的空气、吃上放心的食物、生活在宜居的环境中，满足城乡广大人民群众的生态产品需求，是全面建成小康社会的应有之义。

一、坚持以人民为中心的发展思想，补齐生态产品短缺“短板”

“为政之道，以顺民心为本，以厚民生为本”。党的

---

① 习近平:《在参加十二届全国人大二次会议贵州代表团审议时的讲话》(2014年3月7日)，载《习近平关于社会主义生态文明建设论述摘编》，中央文献出版社2017年版，第8页。

十八大以来，以习近平同志为核心的党中央，对生态文明建设始终饱含深厚的民生情怀和强烈的责任担当，体现为习近平同志念兹在兹的重大关切。比如，关于“良好生态环境是最公平的公共产品，是最普惠的民生福祉”[①]“生态环境问题是利国利民利子孙后代的一项重要工作”[②]“为子孙后代留下天蓝、地绿、水清的生产生活环境”[③]等重要论述，把党的根本宗旨与人民群众对良好生态环境的现实期待、对生态文明的美好憧憬紧密结合在一起，是以人民为中心的发展思想在生态文明建设领域的生动诠释。从现实看，生态产品短缺已经成为“木桶定律”中影响我国生态文明建设的“短板”。我们要加快推进生态文明建设，到 2020 年，资源节约型和环境友好型社会建设取得重大进展，主体功能区布局基本形成，经济发展质量和效益显著提高，保护生态的理念在全社会得到认同，生态文明建设水平与全面建成小康社会目标相适应。

---

① 习近平:《在海南考察工作结束时的讲话》(2013 年 4 月 10 日)，载《习近平关于社会主义生态文明建设论述摘编》，中央文献出版社 2017 年版，第 4 页。

② 习近平:《在中央经济工作会议上的讲话》(2014 年 12 月 9 日)，载《习近平关于社会主义生态文明建设论述摘编》，中央文献出版社 2017 年版，第 26 页。

③ 《致生态文明贵阳国际论坛二〇一三年年会的贺信》(2013 年 7 月 18 日)，《人民日报》2013 年 7 月 21 日。

二、下大力气解决人民群众反响强烈的重大环境民生问题

现时代，老百姓对生态产品的需求越来越迫切。无论是城市还是农村，人民群众期盼的“舌尖上的安全”、清洁空气、洁净饮水、良好空气、优美环境等优质生态产品和健康需求还不能得到有效满足，有些问题甚至还非常突出。特别是近年来，一些地区的污染问题集中暴露，雾霾天气、饮水安全、土壤重金属含量过高等，社会极其关注，群众反映强烈。习近平同志指出：“当前，广大人民群众最关心的是教育、就业、社会保障、空气质量、饮用水和食品安全、住房等问题。”[1]这里以食品安全问题为例予以说明。当前，我国食品安全基础还十分薄弱，影响人民群众饮食安全的突出问题还时有发生，从生态文明建设的角度来看，既有环境因素，又有社会因素。良好的食品安全生态环境应当包括良好的食品安全自然生态和社会生态。

关于良好的食品安全自然生态。在现代社会，食品安全自然生态主要受到自然环境、农业投入品和工业“三废”三个方面的影响和改造。食品安全自然生

---

① 《习近平在中央政治局第十次集体学习时强调：加快推进住房保障和供应体系建设　不断实现全体人民住有所居的目标》，《人民日报》2013年10月31日。

态受到破坏引发的食品源头污染问题是食品安全面临的最严峻的问题之一。就自然环境来说，一个良好的没有污染的自然环境应当包括：肥沃的土地、清洁的空气、干净的水以及各种有利的天气变化和生物因素。就农业投入品来说，其作用是长期的，带有双面性的。在现阶段，农药、地膜等的使用为解决我国温饱问题，满足人民群众对食品量的需求发挥了很重要的作用。与此同时，这些农业投入品对自然生态也造成不可避免的危害，投入品过多、过度使用，破坏了生态平衡，导致食品源头质量出现问题。就工业“三废”来说，废气、废水、废渣未经无害化处理直接排放到环境中，更是众所周知的造成环境污染的罪魁祸首，给食品安全带来极大危害。种种负面因素从源头上影响了食品的质量和安全，导致食品重金属、农药、兽药、其他有毒有害物质等各类污染物残留严重超标，危害人体健康。因而，要采取切实有力的措施，加快治理环境污染，加强环境保护工作，为从源头上为食品安全创造优美自然生态环境。

关于培育良好的食品安全社会生态。人类社会影响和改造自然的结果，诞生了人类文明，形成了社会生态。食品安全涉及食品企业的经营理念和守信准则，涉及政府部门的监管理念和服务方式，涉及媒体和公众的责任意识和参与机制。因而，食品安全的社会生态是一种文化传承，需要法制和道德力量的双重约束。从监管者和法律视角看，近几年，国家在农产品质量安全法律法规、执法监督、标准化生产等方面已经取得了重要进展，高毒农药、生鲜乳等整治工作和农资打假工作成效明显。我们应继续推进农产品产地安全状况调查和评价，加快食用农产品禁止生产区域划分工作，实施农产品产地环境安全分级管理；加快无公害农产品、绿色食品、有机农产品等产地认定工作；严格控制禁限用农药、兽药等农业投入品的生产、销售和使用，积极发展生态农业。通过采取一系列措施，相信一定能够维护好食品安全的自然生态，有效保障食品源头质量安全。

三、推进以人为核心的新型城镇化

城镇化是现代化的必由之路，对全面建成小康社会、加快推进社会主义现代化具有重大现实意义和深远历史意义。习近平同志指出："在我们这样一个拥有十三亿多人口的发展中大国实现城镇化，在人类发展史上没有先例。粗放扩张、人地失衡、举债度日、破坏环境的老路不能再走了，也走不通了。在这样一个十分关键的路口，必须走出一条新型城镇化道路，切实把握正确的方向。"[①] 我们要以人为本，推进以人为核心的

① 《实现实实在在没有水分的增长》，《人民日报》2014年7月7日。

城镇化，根据资源环境承载能力构建科学合理的城镇化宏观布局，把城市群作为主体形态，促进大中小城市和小城镇合理分工、功能互补、协同发展；要传承文化，发展有历史记忆、地域特色、民族特点的美丽城镇。

全面建成小康社会，最艰巨、最繁重的任务在农村，没有农村的小康，特别是没有贫困地区的小康，就没有全面建成小康社会。习近平同志指出："一定要看到，农业还是'四化同步'的短腿，农村还是全面建成小康社会的短板。中国要强，农业必须强；中国要美，农村必须美；中国要富，农民必须富。"[①] 要坚持把解决好"三农"问题作为全党工作重中之重，坚持工业反哺农业、城市支持农村和多予少取放活方针，不断加大强农惠农富农政策力度，始终把"三农"工作牢牢抓住、紧紧抓好。要按照习近平同志"中国要美，农村必须美"[②] 的要求，高度重视城镇化进程中的农村生态文明建设问题，不能把污染一级一级向下传，由城市向城镇、由城镇向农村蔓延。

① 习近平：《在中央农村工作会议上的讲话》（2013 年 12 月 23 日），载《十八大以来重要文献选编》（上），中央文献出版社 2014 年版，第 683 页。

② 习近平：《在中央农村工作会议上的讲话》（2013 年 12 月 23 日），载《十八大以来重要文献选编》（上），中央文献出版社 2014 年版，第 683 页。

第三节　转变生活方式、建设生态文明[①]

“生活方式”是人类消费物质资料的方式，包括物质生活、文化生活和精神生活。它主要由社会物质生产发展决定，随着科学技术进步和生产力迅速发展，财富有了极大增长，物质有极大的丰富性，不少人有了富足方便安全舒适的生活。同时，世界经济全球化，物质生产和精神生产、交通运输和信息流通全球化，人的生活方式也越来越国际化。

生活方式主要由生产力水平，以及社会财富分配决定，当然也受人的价值观指导和制约。如不同社会阶层由于占有财富不同，不同的地理环境，不同民族的历史传统，不同的文化和信仰，不同的风俗习惯，具有不同的生活方式，表现出显著的差异性。尽管如此，实际上，工业文明以物质主义—经济主义—享乐主义为主要特征的高消费的生活方式，是以不断的掠夺、滥用、挥霍和浪费地球资源为代价的。当前，人类生态足迹已经超越地球的生态承载能力，出现25%的生态赤字。地球没有能力支持这样的生活。就中国而言，我国人民的

① 黄承梁:《生态文明型生活方式才最时尚》,《人民日报海外版》2013年2月22日。

生活现在也有两种趋势：一是大多数人勤劳俭朴甚至消费不足；二是少数人的高消费和过量消费。这两种情况都不符合生态文明生活方式的要求。从建设生态文明的角度，生活方式转型，当前有两项主要任务：一是抑制“异化消费”和过量消费，提倡“绿色消费”；二是解决贫困者消费不足的问题，满足人民的基本需要。

一、时代呼唤生态文明型生活方式

工业革命以来，机械化、电器化和自动化的工厂大生产，以及农业的工业化，生产了非常丰富的产品，人类的衣食住行才完全改变了面貌，开始真正的现代化生活。这是一种高消费、高浪费、高污染的生活。它从自然取走的多，还给自然的少；而且取自自然的是“有序”，还给自然的是“无序”；因而是一种“反自然”的生活。

后工业文明时代的现代生活方式以巨大财富、先进的科学技术和丰富充足的产品为支撑。工业化大生产制造了非常丰富的物质，通过国际化市场向全世界销售，满足人民过好日子的欲望，兴起高消费的浪潮，被称为消费生活革命。生产过剩，物资大丰富，生产厂家和广告公司推销消费主义，人们购物又不用考虑节约的问题，竞相购物，推动了一种真正高消费和过量消费的生活。追求高档商品，为能买进名牌货而工作；购买昂贵商品才有尊严，奢侈挥霍成为时尚。它体现高收入的高支付能力，体现更阔气、更有体面和更有声望的地位。经济学家索尔斯坦·凡勃伦把这种消费称为“炫耀性消费”。后来，人们把这种“身份象征产品”称为“凡勃伦商品”，而不是其他商品。

美国以占世界6%的人口，消费掉占世界30%的资源，其典型的特点就是高能源消耗。“汽车文化”发展，美国每户家庭至少一部汽车，但通常在两部以上，两亿多辆车跑在四通八达的高速公路上。同样在美国，别墅和工业化、高度智能化的家庭配备，质量越来越高档豪华，价格越来越昂贵，生活不断向高级奢侈的方向发展。高功率烘干机烤干衣物，即便是在阳光灿烂的加州，也看不到人们利用太阳光晾干衣物；高功率空调机、洗碗机和各种各样的电器，谁也不曾考虑节电节水的问题。

当代中国人的现代消费生活也是丰富多彩。我们不必列出每年GDP的庞大数字，不必列出每年煤炭、石油和天然气的产出和消费，宽体客机、高速火车和各种汽车的产出和消费，电子计算机和网络高速公路，高楼大厦、别墅和公寓竣工和投入使用，各种食品、生活日用消费品、衣食住行的各种商品的产出和消费，各种形式的大学、中学、小学和幼儿园的开办，各种形式的医院和诊所开办，各种各样的药材的生产和消费，电影、电视和书刊发行……不必列出如此种种的庞大数字，只要我们走进大型超市琳琅满目的商品，走进电脑网络繁荣无比的世界，看看我们周围的生活景象，就会知道我们今天过的是什么日子，一派繁荣兴旺的景象。在某种程度上，可以说，中国人“为地位而消费”，或许连美国人也吃惊。

显然，这不只是为了基本需要。这种潮流不符合建设生态文明的需要。对于“汽车文化”，我们既没有足够的能源支持力，也没有足够的环境支持力。20 世纪中叶，洛杉矶市 250 万辆汽车制造了著名的公害事件——“洛杉矶光化学烟雾事件”；而发生在中国的“北京咳”词汇的流行，恐怕不单是居住在北京的外来人口易患的一种呼吸道症候。2013 年开年，一场大雾自新年始，以北京为首，全国污染严重城市达三十多座，空气质量连续十多天严重超标。众多受到大气污染困扰的市民在家里躲避“雾霾”来袭。对于其他高消费文化，美国高消费文化一个显著特点是胖人多，身体超重导致美国每年要支付 930 亿—1170 亿美元的医疗账单，还不算胖人多消费的食物、衣物和其他费用。在中国，实际上，中国人民的生活方式现在有两种趋势：一是大多数人勤劳俭朴甚至消费不足，二是少数人的高消费和过量消费。面对无房者“蚁族”，面对棚户区居民，中国社会没有这种能力；面对粮食安全问题，中国的自然环境没有这种能力。这种巨大反差形成社会和生态的巨大压力，不利于社会的持续稳定的发展。它不是生态文明的生活方式。

二、公正生活是人类的生活目标

人类生存且一切历史的第一个前提是：人类为了能够生存和创造历史必须能够生活。为了生活，首先需要衣食住行和其他生活物质资料。因此，人类第一个历史活动是生产满足这些资料的生产，以及物质资料的消费。人类的目标是生存和发展，只有建立在公正基础上的生活才符合发展的本质要义。可以说，现代社会盛行的“物质主义—经济主义—享乐主义”生活模式，不是民本社会的价值追求。英国经济学教授柯蒂斯·伊顿等提出理论指出：一个国家的生活水平一旦达到某一合理标准，财富的继续增加非但不会给其人民带来更多的益处，相反还可能会让民众感到更不幸。炫耀性消费不仅会影响人们的幸福，还会损害经济发展的前景；炫耀性消费可能会随着时间推移而变本加厉。社会公平正义才会有幸福，平等是幸福的基础。公正生活的目标是，人民生活更加幸福，更有尊严；社会关系更加公平正义，共同富裕，更加和谐平安；自然结构更加有序，更富生机和活力，建设“人—社会—自然”复合生态系统的稳定、健全和繁荣。

三、可持续的生活方式是一种更高级的生活结构

关于“可持续消费”，联合国环境规划署1994年《可持续消费的政策因素》报告提出的定义是：“提供服务以及相关的产品以满足人类的基本需求，提高生活质量，同时使自然资源和有毒材料的使用量减少，使服务或产品的生命周期中产生的废物和污染物最少，从而不危及后代的需要。”作为一种新的生活方式，它强调人的基本需要和生活质量，以及后代的利益。它的主要特点是：一是它以知识和智慧的价值代替物质主义的价值。工业文明的消费生活，推崇物质财富和过度的物质享受，以高消费体现社会地位和事业成功。生态文明消费生活，物质需求以满足基本生活需要为标准，足够就可以了，不必最高最大最好；社会生活和精神生活是更加重要的。二是以适度消费取代过度消费，以简朴生活取代奢侈浪费。三是以多样性取代单一性。不同地区、不同社会层次的人，有不同的生活方式，不同的消费需求，厂家和商家要生产和销售多样性的商品，以满足消费需求多样化，商品和服务种类、质量和数量多样化，适应消费者个人兴趣和爱好，人们有更多的选择消费的

自由，有利于发挥消费者个性自由和全面发展。四是消费生活从崇尚物质转向崇尚社会和精神需求。简朴的物质生活和丰富的精神生活，它超越物质主义和享乐主义，崇尚社会、心理、精神、审美的需求；参加科学和艺术活动，旅游、娱乐和艺术欣赏；一定的社会生活、道德生活和信仰生活。这是更符合人的本性，更符合自然本性，更适应时代的潮流，是有更高生活质量的新生活。

人类可持续生活需要社会的强力支持，在生态文明价值观的指导下，确立公正平等的社会关系，发明创造绿色的高新技术，发明创造绿色的生产工艺，壮大绿色企业，进行绿色制造和绿色生产，开发绿色市场，动员绿色消费。反过来，绿色消费推动绿色市场，绿色市场以绿色消费为动力，推动绿色制造和绿色生产的发展，绿色制造和绿色生产推动绿色科技的发展，它们推动生态文明价值观和社会关系的巩固和发展。这是从人类消费开始的一场革命。它从绿色消费开始，通过绿色贸易（绿色市场），推动绿色科学技术发展，推动绿色生产和绿色制造，形成绿色消费的浪潮。绿色生活建构的路线图是：绿色消费—绿色技术—绿色制造—绿色产品—绿色市场—绿色采购—绿色消费；反之，绿色消费—绿色采购—绿色市场—绿色产品—绿色制造—绿色技术—绿色消费。这是相互联系、相互作用、相互依赖、循环良性发展的绿色生活的完整体系，形成新的生活方式。

四、新的生活方式是简朴生活和低碳生活

新的生活方式，超越过度消费是一种简朴生活；超越浪费型消费是一种低碳生活。

简朴生活，是以获得基本需要的满足为目标，以提高生活质量为中心的适度消费的生活。在这里，“生活质量”是指“人的生活舒适、便利的程度，精神上所得到的享受和乐趣”；在这里，“简朴”是与豪华、奢侈和挥霍相比较，豪华和奢侈并不舒适和便利，而是辛苦和不自在。简朴生活拒绝高消费，抑制贪欲和浪费，反对豪华、奢侈和挥霍；以节约为本。

低碳生活，是以低消耗和低能耗、低排放和低污染为重要特征的生活。在这里，新的生活方式不是以消费多少钱，而是以减少能量消耗，从而降低二氧化碳排放量为表示有“碳消费”模式；在这里，“碳消费”和“碳排放”都可以精确计算。如包括搭电梯、洗热水澡、喝瓶装饮料这样的事，也有办法计算出碳排放。

公正生活、简朴生活和低碳生活，是一种可持续的生活方式。它们是一种有意义的生活，道德高尚的生活。它的主要意义是：对于个人是简单、方便和舒适；对于社会是高尚、公正和平等；对于后代是爱、责任和

希望；对于自然是热爱、尊重和奉献。这里尤其需要指出，生态文明是一种重视生态环境、重视环境保护的意识、价值观和文化，生态文明旨在树立遵循生态规律和创新发展模式的思想基础和社会氛围。建设生态文明，公众的积极参与是源泉和动力；实现经济、社会、环境的共赢，关键在于人的主动性，也只有广大人民群众积极参与环保事务、树立环保行为才能实现。每个单位、每个家庭、每个公民，都要以满足人（现代人和子孙后代）的基本需要，人的生存、享受和发展的需要，不断满足保护地球生态系统，保护生物多样性的需要为价值追求和人文素养，以人类社会的整体合力为现代人的幸福生活、为子孙后代的福利、为地球上千百万物种共存共荣共享地球资源，落实到一个很小的目标：提倡勤俭节约、摒弃挥霍浪费、选择健康绿色消费。

下篇：生态文明建设的理论体系及其学说

第七章　新时代生态文明建设思想对生态文明建设理论体系、话语体系的历史性贡献

第一节　新时代生态文明建设思想界定了生态文明发展的历史阶段

习近平同志指出："生态文明是人类社会进步的重大成果。人类经历了原始文明、农业文明、工业文明，生态文明是工业文明发展到一定阶段的产物，是实现人与自然和谐发展的新要求。"[①] 文明与蒙昧和野蛮相

① 习近平:《在中央政治局第六次集体学习时的讲话》(2013 年 5 月 24 日)，载《习近平关于社会主义生态文明建设论述摘编》，中央文献出版社 2017 年版，第 6 页。

对，是指人类社会发展中的进步状态，是人类社会发展到较高级阶段的产物。它的主要标志是：第一，文字的发明；第二，铁的冶炼和铁器的使用。恩格斯就此指出："从铁矿的冶炼开始，并由于文字的发明及其应用于文献记录而过渡到文明时代。"[①] 基于生产方式的阶段性特征，人类社会的文明形态已经经历了原始文明、农业文明和工业文明三个阶段。但应当看到，所谓"原始文明"，是"原始社会"的文明；所谓"农业文明"，是"农业社会"的文明；所谓"工业文明"，是"工业社会"的文明。"生态文明"也不例外。生态文明不是"生态"的"文明"，而是"生态社会"的文明。这是真正认知、破解生态文明建设所处历史阶段的理念前提和认识之本。

一、生态文明是人类社会文明形态、文明更替不以人的意志为转移的客观存在和更高阶段

生产力是推动人类社会发展进步的根本性变革力量。由生产力和生产工具的巨大变革导致的社会关系的全方位变化，才是一个社会新型文明形态形成的核心和决定性因素。在原始社会，人类几乎完全依靠大

① 《马克思恩格斯选集》第 4 卷，人民出版社 1995 年版，第 163 页。

自然赐予或以直接利用自然物作为人的生活资料。但火、石器、弓箭作为重要谋生工具的出现，人类渐次告别茹毛饮血的野蛮时代，并逐步形成了早期朴素的文明形态。农业社会，人类主要的生产活动是农耕和畜牧，青铜器、陶器和铁器的使用，特别是铁器农具“犁”的出现，人类生产活动开始向着主动性和选择性迈进。恩格斯指出，“铁剑时代，但同时也是铁犁和铁斧的时代，铁已经在为人类服务”，“我们就走到文明时代的门槛了”。[①] 工业社会，18 世纪中后期以来，珍妮纺纱机和瓦特蒸汽机的使用，既开创了机器大生产的时代，也由此掀开了英国工业革命的大序幕，并在世界范围内兴起了工业革命的浪潮，影响至今。可以说，作为近代工业化实际开端的工业革命，是人类社会发展历史上最为重大、最为伟大的转折点，既是传统农业社会的终结者，又迸发出前所未有的生产力、创造了远远超过人类历史上所有物质财富总和的巨量社会财富。

生态文明的兴起是现代社会生产力发展和变革的必然结果。20 世纪末期以来，自然科学的突飞猛进、信息技术的大范围应用和人类对宇宙系统的无尽探索，都极大地扩大和加深了人类对自然界、对整个宇宙系统的

① 《马克思恩格斯选集》第 4 卷，人民出版社 2012 年版，第 29 页。

认知。新技术革命、新科技革命和全球产业变革正在如火如荼、以分秒必争的速度正在对世界整体格局产生深刻而重大的影响。以清洁能源、新能源、新材料、生物能源等为代表的低碳绿色能源再生、再造、再循环技术与产业；以细胞生物学、基因工程、微生物学、酶工程、生命起源等为代表的生命科学、生物技术及其产业，都已经孕育兴起、开始走向实用化，带来新的产业革命。这是否预示着一个以生态技术和生态产业变革为基础的生态社会及其文明形态的到来，尚不能完全下结论。但观人类社会不同文明发展阶段之生产力发展状况、产业特征，不同社会文明形态发展后一阶段与前一阶段及至是更前阶段发展内容与表征存在很大程度的竞合。一种社会及其文明形态的形成，是人类社会文明形态不断地从较低层次向更高的层次发展变化、较低层次与较高层次交融并存、扬弃发展的“自然历史”的过程。工业文明本身孕育了生态文明的自然兴起。当前，在工业发展的基础上，不断创造物质文明的丰富，不仅是资产阶级的任务，还是无产阶级的任务。社会主义本质上还要更好地解放生产力、发展生产力，不断满足人民群众日益增长的物质文化需求。在工业文明的基础上走新型工业化、城镇化发展道路，这是一项不可逾越的历史任务。文明互通互鉴，工业文明是生态文明孕育和走向繁荣的基石。可以预见，生态文明社会的到来，既是不以人的意志为转移的客观存在，就其发展历史阶段本身而言，它又是人类社会文明发展的较高阶段、较高形态，是崭新生态社会崭新的文明形态。其突破口，一定是表现在某项或系统性生态关键技术方面的重大突破。以习近平同志为核心的党中央提出新发展理念，“创新”居首，其历史意义或许在此。

二、生态文明是工业文明发展到新阶段的产物，辩证看待工业文明其历史价值

诚如马克思所指出：“资本主义生产一方面神奇地发展了社会的生产力，但是另一方面，也表现出它同自己所产生的社会生产力本身是不相容的。它的历史今后只是对抗、危机、冲突和灾难的历史。”[①]20世纪中叶前后，在世界范围内爆发的震惊世界的史称“八大公害”的污染事件，远比今日中国环境生态整体形势严峻得多。不单如此，当今世界和中国的环境问题，既有直接破坏的一面，还有资源直接损耗的一面。人类对如矿石、石油等各种不可再生的矿产资源开发的广度和深度都已经达到极限；对原本具有恢复能力的土壤、陆地、海洋等资源的使用也正在接近极限。由于发展理念错

① 《马克思恩格斯全集》第19卷，人民出版社1963年版，第443页。

误，工业文明以“一物降一物”的理念在治理污染，如废水、废物等净化设施的生产和建设导致的二次消耗和二次环境污染也很严重。我国环境保护现实中“头痛医头，脚痛医脚”的现象也都很普遍。因而，习近平同志讲“尊重自然、顺应自然、保护自然”，讲“坚持生态优先、绿色发展”，讲“把生态文明建设融入经济建设、政治建设、文化建设和社会建设全过程”，讲“供给侧结构性改革”，都是从马克思主义实践论和认识论方面做出极其深入思考的结果，是有的放矢；反映了习近平同志对建设生态文明的深沉思考，凸显了超越、科学扬弃工业文明发展方式的紧迫性。

三、建设生态文明是适应人与自然和谐发展的新要求

适应人与自然和谐发展的新要求，“新”不仅仅针对旧，还有新常态之新。生态文明是生态社会的文明，要求我们从宏观视野中，把人类的文明、人类的生态和人类生态社会的文明区分开来。换言之，文明是历史的文明，生态是历史的生态。只要有人类的历史，就有文明的历史，就有人如何与自然相处的自然演进史。这也就是说，人类只要想良好生存和永续发展，就不能破坏他赖以生存和存在的自然生态环境。不论是原始社会、

农业社会还是工业社会，都要讲生态保护、都要讲可持续，这是人类社会所以延续至今的运行法则。放眼中华文明史，大禹治水，秦开郑国渠、修都江堰，隋开大运河，无不是令世界叹为观止的重大水利工程，经受住了历史的考验；历朝历代，也无不存在“除黄河之害，兴黄河之利”的治黄史话与生态智慧。生态文明从根本上说，却是受马克思主义生产力与生产关系矛盾对立统一规律支配的新的文明形态。在生态文明建设伟大实践和实际工作中，要求我们不能把中国共产党将生态文明建设作为其全新的、指导和推动经济社会可持续发展，统筹推进人口、资源、环境与经济、社会协调发展，建设环境友好型、资源友好型社会，实现人与社会和谐相处的重大治国理念，人为地看小、放小，简单地与环境保护等同起来，发挥其“工具价值”甚至搞伪生态文明建设。

第二节　新时代生态文明建设思想描绘了生态文明社会建设的总蓝图

关于社会，马克思在《雇佣劳动与资本》中指出：“生产关系总合起来就构成为所谓社会关系，构成为所谓社会。”[1]因而，社会本质上是人与人之间基于生产力发展所形成生产关系的总和。与此同时，“不外是资产者为了在国内外相互保障自己的财产和利益所必然要采取的一种组织形式”[2]的国家出现了。从社会中分离出来的管理者，为了实现国家与社会的统一而非二元代理，由此形成了自己的政治制度，并基于社会心理和传统理念、群众呼声，倡导和规定与该社会形态生产发展水平、经济结构、政治制度相适应的社会文化。这就是说，只有产业革命、政治革命和文化革命的多重变革，社会的文明形态才能够形成。习近平同志深刻系统地论述指出：“历次产业革命都有一些共同特点：一是有新的科学理论作基础，二是有相应的新生产工具出现，三是形成大量新的投资热点和就业岗位，四是经济结构和发展方式发生重大调整并形成新的规模化经济效益，五是社会生产生活方式有新的重要变革。这些要素，目前都在加快积累和成熟中。”[3]习近平同志描绘和指出的建设生态文明社会的总蓝图，也无不涉及生态文明建设的产业基础、制度建设和文化建设。

① 《马克思恩格斯选集》第 1 卷，人民出版社 2012 年版，第 340 页。
② 《马克思恩格斯选集》第 1 卷，人民出版社 2012 年版，第 212 页。
③ 习近平：《在十八届中央政治局第九次集体学习时的讲话》，《人民日报》2013 年 9 月 30 日。

一、生态文明建设总蓝图下的产业基础

习近平同志“绿水青山就是金山银山”“保护生态环境就是保护生产力，改善生态环境就是发展生产力”“坚持走中国特色新型工业化、信息化、城镇化、农业现代化和绿色化”的“新五化”发展道路等科学论断和建设思想，极大地凸显了把生态文明放在优先地位、基础地位、战略地位，夯实生态文明社会产业基础的基本路径，这就是始终坚持把生态环境作为经济社会发展的内在要素和内生动力；始终把整个生产过程的绿色化、生态化作为实现和确保生产活动结果绿色化和生态化的途径、约束和保障。在具体实践上，整体上把握了两点：一是传统产业改造升级和发展的绿色化，核心在于坚持节约优先、保护优先、自然恢复为主的方针。即在资源上把节约放在首位，在环境上把保护放在首位，在生态上以自然恢复为主，讲基础、讲底线（底线思维是习近平新时代中国特色社会主义思想鲜明的辩证法），尤其讲供给侧结构性改革；二是现代绿色、循环、低碳、生态产业新体系的规模化。即着力发展高效生态农业，夯实生态工业经济基础地位，大力发展现代服务业，全面构筑现代产业发展新体系。

二、生态文明建设总蓝图下的制度建设

习近平同志强调不断深化和推进生态文明体制改革，加强顶层设计，加强科学政绩观建设，加强法治和制度建设，划定生态红线，建立责任追究制度。“再也不能以国内生产总值增长率来论英雄”，“最重要的是要完善经济社会发展考虑评价体系”，“加强生态文明制度建设。只有实行最严格的制度、最严密的法治，才能为生态文明建设提供可靠保障”等科学论断和建设思想，[①]无不是在深化生态文明建设体制改革、加强生态文明建设顶层设计和建立健全生态文明制度建设、法治建设等方面就生态文明建设与上层建筑和谐匹配所确立的战略之举。社会主义社会是一个不断开放和改革的社会。社会主义正是通过社会体制的变革，改革和完善社会制度和规范，从而形成有利于生态文明建设的体制机制，为生态文明社会构筑强有力的上层建筑及其一系列制度和法治保障。

三、生态文明建设总蓝图下的文化建设

坚守文化自觉、反映主流趋势、反映时代呼声，始

① 《习近平谈治国理政》，外文出版社 2014 年版，第 210 页。

终是贯穿于习近平治国理政新理念又一条极其重要的主线。在全国文艺工作者座谈会上的讲话是这样，在哲学社会科学座谈会上的讲话是这样，在十届全国文联、九届作协会议上的讲话还是这样。习近平同志反复强调，"中华文明传承5000多年，积淀了丰富的生态智慧"，要"像保护眼睛一样保护生态环境，像对待生命一样对待生态环境""建设生态文明也是民意所在"，要"集中力量优先解决好细颗粒物、饮用水、土壤、重金属、化学品等损害群众利益的突出环境问题"。[①] 这些重要论述和科学论断，反映了习近平新时代生态文明建设思想扎根中华传统优秀生态智慧的民族性。它要求我们传承中华传统优秀生态智慧，建立尊重自然、顺应自然、保护自然的人与自然和谐文化。这里也需要指出，生态文明建设，核心是人与自然的关系问题，实质上反映了社会群体基于生产关系所形成的人与人之间的公平关系，包括人与自然之间的公平、当代人之间的公平以及当代人与后代人的公平。生态文明理念和新的生态文化的形成，要与社会主义核心价值观有机结合起来。当前，我国生态文明建设在社会中有一种不良的倾向，环境出了问题，嬉笑怒骂环境保护部门的声音并不少见。社会公众却很少自我反省如何改变自己的生活方式。对他人社

① 习近平：《绿水青山就是金山银山》，《人民日报》2006年4月24日。

会要求是生态文明主义，对自己是放任、享乐主义，这不是生态文明社会公民的基本素养和一种充满正能量的绿色文化。只有实现公民社会人人向“生态人”身份的转变，马克思主义关于“自然主义、人道主义、共产主义”相统一的、人类由必然王国走向自由王国的历史宿命才能够真正实现。

第三节　新时代生态文明建设思想提出了生态文明建设的辩证法

“辩证法不过是关于自然、人类社会和思维的运动和发展的普建规律的科学。”①“要精确地描绘宇宙、宇宙的发展和人类的发展，以及这种发展在人们头脑中的反映，就只有用辩证的方法，只有不断地注视生成和消逝之间、前进的变化和后退的变化之间的普遍相互作用才能做到。”②“对于现今的自然科学来说，辩证法恰好是最重要的思维形式，因为只有辩证法才为自然界中出现的发展过程，为各种普遍的联系，为从一个研究领域向另一个研究领域过渡，提供了模式，从而提供了说明

① 《马克思恩格斯选集》第 3 卷，人民出版社 1995 年版，第 484 页。
② 《马克思恩格斯选集》第 3 卷，人民出版社 1995 年版，第 362 页。

方法。”“实际上，蔑视辩证法是不能不受惩罚的。”①

一、生态文明建设的唯物辩证法

习近平同志指出：保护生态环境就是保护生产力，改善生态环境就是发展生产力。②这是生态文明建设的唯物辩证法。对生产力和生产关系关系范畴的揭示，是马克思主义唯物辩证法的根本大法。生产力，简单地说，就是作为劳动主体的人，运用生产工具和劳动资料，作用于劳动对象的过程和能力；生产力包括三个基本要素，一是劳动者，二是生产工具和劳动资料，三是劳动对象。人与自然的关系，整体上包含两个方面的关系：一是人与整个自然界的关系，即作为社会主体的人与他面前（相对的而非对立的）自然作为整体研究所形成的关系；二是人通过劳动，包括技术手段、工程手段等实践活动，认识和改造自然所形成的关系，而且基于实践的第二层关系更符合人类社会的本质特征。建立在生产力和生产关系范畴之上的人类社会与自然形成的关系，是马克思主义者考察人与自然关系的根本。现代生态中心主义者往往忽视这一层关系，陷入生态中心主义

① 《马克思恩格斯选集》第 4 卷，人民出版社 1995 年版，第 300 页。

② 《在海南考察工作结束时的讲话》（2013 年 4 月 10 日），载《习近平关于社会主义生态文明建设论述摘编》，中央文献出版社 2017 年版，第 4 页。

的形而上之中。事实上，即使是从中华古老生态智慧哺育的中华文明来看，如郑渠、灵渠、它山堰、京杭大运河等今天看来彪炳史册的重大水利工程，在生态中心主义眼里，无不是“反自然”的。事实上，它们却是天人合一的。马克思指出：“不论生产的社会形式如何，劳动者和生产资料始终是生产的要素。但是，二者在彼此分离的情况下只在可能性上是生产因素。凡要进行生产，它们就必须结合起来。”① 生态文明建设，本质上是随着生产力的不断发展以及由此带来的生产关系的变革，是人类所要实现人与自然和谐相处的更高阶段新文明。习近平同志“保护生态环境就是保护生产力，改善生态环境就是发展生产力”这一极其重要的科学论断，把生态环境与生产力相结合，把自然环境要素与作为生产力主体的劳动者相结合，深刻揭示了自然生态作为生产力内在属性的重要地位，饱含尊重自然、谋求人与自然和谐发展的价值理念和发展理念，即解放生产力，一定是解放生态生产力；发展生产力，一定是发展绿色生产力。也只有解放生态生产力和发展绿色生产力，作为人类更高发展阶段的生态文明建设，才能够体现到底在何种程度上实现了作为劳动者的人如何通过生态实践这个生态文明社会人类活动的特质所要实现的人与自然和

① 《马克思恩格斯选集》第 2 卷，人民出版社 2012 年版，第 309 页。

谐相生的特性。

二、生态文明建设的自然辩证法

习近平同志指出："我们既要绿水青山，也要金山银山。宁要绿水青山，不要金山银山，而且绿水青山就是金山银山。"① 自然辩证法是马克思主义自然观和自然科学观的反映。在马克思主义哲学研究的三大范畴，即自然、社会和思维这三大领域，自然辩证法是其中的一大领域。马克思主义之所以成为马克思主义，马克思主义以其物质存在性为先决条件所形成的"物质与意识""社会存在与社会意识"的根本理论，在某种程度上，是基于自然辩证法。习近平同志以"两山论"所揭示的自然辩证法，饱含三层环环相扣的递进关系。

一是"既要绿水青山，也要金山银山"。自然环境创造人，人也创造环境。文明是人类社会自其诞生以来，在历史发展进程中孜孜以求、对美好生活向往的道德完善和财富积累。文明的主体是作为社会群体存在的人，单纯的生态，即自在自然是没有"文明"的。在人与自然、文明与自然面前，马克思主义者从来不

① 习近平：《在哈萨克斯坦纳扎尔巴耶夫大学演讲时的答问》（2013年9月7日），《人民日报》2013年9月8日。

主张作为社会主体的人放弃自身的尺度，尽管马克思主义主张极其尊重和顺应自然，并把自然优先于人而存在作为其构建存在与意识、物质与意识关系范畴的前提和根本。马克思指出："在人类历史中即在人类社会的形成过程中生成的自然界，是人的现实的自然界；因此，通过工业——尽管以异化的形式——形成的自然界，是真正的、人本学的自然界。"①他又说："被抽象地理解的、自为的、被确定为与人分隔开来的自然界，对人来说也是'无'。"②那种一谈到生态文明，就乞求原始、原生态的那种生态中心主义者眼中的纯粹自然，至少目前来看，与"人"是没有多大关系的。当代中国，特别是改革开放40年来中国经济社会发展所取得的举世瞩目的成就和对中国人整体物质条件和心性文明的繁荣和进步，无不昭示发展仍然是社会主义初级阶段的核心任务、立足点和建设后现代社会主义的前提。

二是"宁要绿水青山，不要金山银山"。德国学者、诺贝尔奖获得者保罗·克鲁岑曾指出，"人类与自然界的逆向巨变"，即"地球结构畸变、功能严重失衡的新突变期"③始于工业革命以来。人类对自然资源的

① [德]马克思：《1844年经济学哲学手稿》，人民出版社2000年版，第89页。
② [德]马克思：《1844年经济学哲学手稿》，人民出版社2000年版，第116页。
③ 陈之荣：《地球演化的新突变时期——地球结构畸变与全球问题》，《科技导报》1991年第5期。

过度开发利用，甚至是以战天斗地般的掠夺自然的丑恶行径，导致地球整个生态系统而非区域性和局部性遭受到严重损坏，自然价值向负方向发展。习近平同志指出："对人的生存来说，金山银山固然重要，但绿水青山是人民幸福生活的重要内容，是金钱不能代替的。"①20 世纪 60、70 年代始，世界范围内掀起了环境保护运动，可持续发展思潮相继兴起。但需要指出，全球性生态环境遭受到系统性破坏，是建立在不公正不合理的世界国际政治旧秩序基础之上的，国际经济"三高两低"（高污染、高消耗、高投入，低水平、低效益）产业格局受国际政治旧格局和资本的逐利性支配，经历了由东向西、由北向南的产业转移，因而又在很大程度和整体上维护了西方发达国家所谓的"生态良好"形象。这种掩耳盗铃、搬起石头砸自己脚的政治丑陋和经济短视，对人类目前仅可唯一生存和延续命运的"小小"地球生态家园没有任何好处。

三是"绿水青山就是金山银山"。从中国生态文明建设的总体实践和全社会关于生态文明建设的理论共识来看，习近平同志"绿水青山就是金山银山"的科学论

① 习近平：《在海南考察工作结束时的讲话》（2013 年 4 月 10 日），载《习近平关于社会主义生态文明建设论述摘编》，中央文献出版社 2017 年版，第 4 页。

断，有望成为习近平新时代生态文明建设思想最为核心的重大战略理念，这将有可能开启人类“生态纪元”时代。习近平同志的“绿水青山就是金山银山”论，之所以能够成为一个独立的命题并成为生态文明建设的最为基础的理论指导，这本身也蕴涵了“绿水青山”的“生态美”、“金山银山”的“人为美”、“绿水青山转向金山银山”的“转型美”三层要素。马克思主义自然辩证法坚决摒弃人与自然的二元对立，既提出自然界是“人的无机的身体”，又指出人通过生产实践“人化自然”，彰显人的存在意义和生存价值的主体性，从而使人类通过自己生产实践活动与自然界构成了有机联系的整体。习近平同志“绿水青山就是金山银山”的论断正是这样，超越了机械生态中心主义、扬弃了人类中心主义，既揭示人与自然、社会与自然的辩证关系，而且为人类走向生态社会指明了根本方向。生态文明社会，是生态社会人的文明，它是“人同自然界的完成了的本质的统一，是自然界的真正复活，是人的实现了的自然主义和自然界的实现了的人道主义”[①]。因而，“绿水青山就是金山银山”又是哲学上的本体论和客体论的统一，尽管“绿水青山”和“金山银山”是看似并列的“两山”。

① [德] 马克思：《1844 年经济学哲学手稿》，人民出版社 2000 年版，第 83 页。

第四节　新时代生态文明建设思想确定了生态文明建设的理论体系、话语体系

党的十八大以来，以习近平同志为核心的党中央，以走向社会主义生态文明新时代为时代背景，以经济社会发展新常态为时代特征，以“五位一体”中国特色社会主义现代化建设总体布局为主基调，以“四个全面”战略布局为总指引，以正确处理经济发展与环境保护为核心，以促进实现人与自然和谐为主旨，坚持生态文明融入经济建设、政治建设、文化建设和社会建设方法论，坚持绿色发展、低碳发展、循环发展实践论，坚持紧紧依靠生态文明体制改革深化生态文明改革，坚持紧紧依靠制度建设和法治建设为生态文明提供根本保障，坚持紧紧依靠人民群众动员全社会树立生态文明理念、投身生态文明伟大实践。这都从整体上为生态文明形成独立的理论体系、话语体系，提供了时代总依据和一种理论体系、话语体系产生的历史条件。

一、生态文明建设的全部关系范畴和科学论断

党的十八大以来，习近平同志在各类场合有关生态文明的讲话、论述和批示达一百多次。纵观习近平同志生态文明建设重要论述的全部，至少可以概括为十个基本有关系范畴：生态与文明、生态环境与生产力、生态文明与工业文明、生态文明与中国梦、生态文明与发展方式、生态文明与政治文明、生态文明与法治制度、生态文明与现代化治理体系、生态文明与中华文化、生态文明与全球治理，等等。同时，至少可以确定习近平同志关于社会主义生态文明建设的十个基本科学论断，即（1）关于生态文明的基本内涵，尊重自然、保护自然、顺应自然；（2）关于生态文明的发展规律，生态兴则文明兴，生态衰则文明衰；（3）关于生态文明的本质，保护生态环境就是保护生产力，改善生态环境就是发展生产力；（4）关于生态文明的发展阶段，生态文明是工业文明发展到一定阶段的产物；（5）关于生态文明的社会属性，生态文明将促进社会主义的全面发展；（6）关于生态文明建设的实现道路，融入经济建设、政治建设、文化建设、社会建设各方面和全过程；（7）关于生态文明建设的现实动力，清醒认识保护生态环境、治理环境污染的紧迫性和艰巨性，清醒认识加强生态文明建设的重要性和必要性；（8）关于生态文明建设的历史使命，实现中华民族伟大复兴的美丽中国梦；

(9) 关于生态文明建设的根本任务，为人民群众创造良好生产生活环境，实现中华民族永续发展；(10) 关于生态文明建设全球治理，坚持人类命运共同体建设；等等。

二、生态文明建设实践路径和前进方向

从根本上说，把“生态文明建设融入经济建设、政治建设、文化建设和社会建设”是一条操作性非常强的实践方案。围绕融入经济建设，习近平同志重点论述“保护生态环境就是保护生产力，改善生态环境就是发展生产力”和“绿水青山就是金山银山”论，阐述经济发展新常态与生态文明的关系；围绕融入政治建设，习近平同志重点论述如何将生态文明建设放到“国家治理体系的现代化”“法治中国”的视角去看，推动形成人与自然和谐发展的现代化建设新格局，推动形成生态文明建设国家治理体系和治理能力现代化；围绕融入社会建设，习近平同志重点论述如何站在人民立场，回应人民群众呼声和期待，解决好人民群众反映强烈的问题，首先使老百姓喝上干净的水、呼吸上新鲜的空气、吃上放心的食品；围绕融入文化建设，习近平同志重点论述如何认识文化的力量、文化的软实力作用，要求更加重视中华文明传统的生态智慧，在当代中国，培育和弘扬社会主义核心价值观，建设生态文明。

第八章　新时代生态文明建设思想理论体系、话语体系的构建与马克思主义生态文明学说的当代创立

第一节　新时代生态文明建设思想产生的历史条件和时代总依据

党的十八大以来，以习近平同志为核心的党中央，把“适应新常态、把握新常态、引领新常态作为贯穿发展全局和全过程的大逻辑”①，创造性地提出和确立了“中国梦”“新常态”“四个全面”“新发展理念”“五位

① 习近平:《在省部级主要领导干部学习贯彻党的十八届五中全会精神专题研讨班上的讲话》(2016 年 1 月 18 日),《人民日报》2016 年 5 月 10 日。

一体”“新五化”“供给侧结构性改革”等战略理念，指出中国特色社会主义建设，总依据是社会主义初级阶段，总布局是“五位一体”，总任务是实现社会主义现代化和中华民族伟大复兴。这都构成了习近平同志关于生态文明建设重要论述产生的时代依据和历史条件。深入学习习近平同志关于生态文明建设重要论述，以整体思维积极构建生态文明哲学社会话语体系，须臾不能离开这些历史条件。

党的十九大围绕“新时代是承前启后、继往开来、在新的历史条件下继续夺取中国特色社会主义伟大胜利的时代”，明确提出“加快生态文明体制改革，建设美丽中国”，要求“坚持节约优先、保护优先、自然恢复为主的方针，形成节约资源和保护环境的空间格局、产业结构、生产方式、生活方式”。这些总体部署和战略布局，与党的十七大、十八大和十八大以来的历次全会关于生态文明建设的相关表述是一致的，体现了党中央治国理政新理念新思想新战略的承前启后、继往开来以及顶层设计、政策机制的连续性、稳定性。我们要把适应新时代、把握新时代、引领新时代作为贯穿发展全局和全过程的大逻辑。

一、从战略高度理解和把握习近平新时代生态文明建设思想的丰富内涵

党的十八大以来，以习近平同志为核心的党中央高度重视生态文明建设，作出一系列顶层设计、制度安排和决策部署，为我们建设美丽中国提供了根本遵循。学习贯彻习近平同志关于生态文明建设的重要论述，全面把握新时代习近平生态文明建设思想与党中央治国理政新理念新思想新战略诸范畴之间的内在联系，需要从战略高度把握生态文明建设的丰富内涵，推动生态文明建设走向新时代。

（一）关于生态文明建设与中国梦

习近平同志指出："走向生态文明新时代，建设美丽中国，是实现中华民族伟大复兴的中国梦的重要内容。"[①] 这一重要论述表明：实现中国梦是中国各族人民的共同愿景，生态文明建设是中国梦不可或缺的重要组成部分。

中华文明数千年生生不息，积淀了丰富的生态智慧。儒家的"天人合一""与天地参"，道家的"道法自然""道常无为"，佛家的"众生平等""大慈大悲"等，

① 《致生态文明贵阳国际论坛二〇一三年年会的贺信》(2013年7月18日)，《人民日报》2013年7月21日。

无不彰显出中华民族独特、系统和完整的人与自然和谐共存体系，至今仍给人以深刻启迪。中国梦的提出，传承和弘扬了中华民族的传统智慧，其中就包括生态智慧。国家富强、民族振兴、人民幸福，内在地包含生态优美、人与自然和谐相处。因此，建设美丽中国是实现中国梦的题中应有之义。我们党一贯高度重视生态文明建设，认为保护生态环境关系人民的根本利益和民族发展的长远利益。越是接近实现“两个一百年”奋斗目标和中华民族伟大复兴的中国梦，就越要清醒认识保护生态、治理污染的紧迫性和艰巨性，越要清醒认识加强生态文明建设的重要性和必要性，把中国梦作为全面推进生态文明建设的指引，以时不我待、只争朝夕的饱满精神，加大力度、攻坚克难，坚持不懈、久久为功，切实把绿色发展理念融入经济社会发展各方面，推动形成绿色发展方式和生活方式，协同推进人民富裕、国家富强、中国美丽。同时，为有效应对全球性的资源和环境严峻挑战，特别是落实气候变化《巴黎协定》和联合国《2030年可持续发展议程》，中国将切实承担应负的责任，为实现人类社会可持续发展贡献更多东方智慧、中国力量。

（二）关于生态文明建设与“五位一体”总体布局

改革开放40年来，我国坚持以经济建设为中心，推动经济快速发展起来。但总体看，我国一度以无节制消耗资源、破坏环境为代价换取经济快速增长的发展模式所导致的能源资源、生态环境问题越来越突出。如一些地区由于盲目开发、过度开发、无序开发，已经接近或超过资源环境承载能力的极限；全国江河水系污染和饮用水安全问题、土壤污染问题以及频繁出现的大范围、长时间的雾霾天气问题，等等，严重影响人民群众的幸福感和获得感，制约经济社会的可持续发展。这里一个很重要的原因就是没有处理好经济发展同环境保护的关系，对生态文明建设的战略地位缺乏足够和充分的认识，忽视了社会生产的长远后果。恩格斯指出，“到目前为止的一切生产方式，都仅仅以取得劳动的最近的、最直接的效益为目的。那些只是在晚些时候才显现出来的、通过逐渐的重复和积累才产生效应的较远的结果，则完全被忽视了”。

生态文明建设是中国特色社会主义“五位一体”建设事业总体布局的重要组成部分。所谓总体布局，是从总揽和统摄全局的高度作出的总体筹划和总体安排，是就这一事业所作的最重大最根本的战略部署。“五位一体”是整体性战略部署，既与中国特色社会主义社会是全面发展、全面进步的社会属性相关，也与社会主义与生态文明具有高度一致性相关。生态文明的提出和建设，内在地、逻辑地统一于社会主义的本质之中，任何一个方面的发展滞后都会影响总体布局的统筹推进。党的十九大提出了新时代我国社会主要矛盾新的重大战略判断，即“我国社会主要矛盾已经转化为人民日益增长的美好生活需要和不平衡不充分发展之间矛盾的时代”。十九大报告指出，我国稳定解决了十几亿人的温饱问题，总体上实现小康，不久将全面建成小康社会，人民美好生活需要日益广泛，不仅对物质文化生活提出了更高要求，而且在民主、法治、公平、正义、安全、环境等方面的要求日益增长。这其中关于“人民美好生活需要日益广泛与环境方面的日益增长”，就指当前经济社会快速发展过程中与人口资源环境压力持续加大的矛盾。把生态文明建设纳入中国特色社会主义建设“五位一体”总体布局，就是对解决这一矛盾的战略考量。建设中国特色社会主义，既要整体推进社会主义经济建设、政治建设、文化建设、社会建设和生态文明建设，又要在整体推进中全面贯彻生态文明建设的突出性地位，强化协同创新，坚定不移地促进社会主义物质文明、政治文明、精神文明、社会文明和生态文明的协调发展，丰富和完善中国特色社会主义建设总体布局。

（三）关于生态文明与“四个全面”战略布局

“四个全面”战略布局，即全面建成小康社会、全面深化改革、全面依法治国、全面从严治党，是党和国家新形势下治国理政的总方略，是引领、指导和着力实现中华民族伟大复兴这个总任务的总战略，也必然为生态文明建设提供战略指引和基本遵循。

第一，关于生态文明与全面建成小康社会。习近平同志反复指出，“小康全面不全面，生态环境质量是关键”。[①] 这就是说，一方面，如果生态环境没有搞好，小康社会的建设，至少是不完整的，因而，生态文明建设是全面建成小康社会的重要标尺或者重要砝码。另一方面，我们正在建设的生态文明，其重要的历史使命，就是实现“两个一百年”奋斗目标的第一个目标——全面建成小康社会。因而，作为衡量和评判生态文明建设是否取得重大成效的标杆，就是看小康社会是否全面。当前，我们必须着力在优先解决人民群众热切期盼、反响强烈的重大现实关切问题上下大功夫。第二，关于生态文明与全面深化改革。党的十八大以来，中央在如何实现中华民族伟大复兴中国梦总任务问题上，有一个清晰的表述，就是改革开放既是决定当代中国命运的关键一招，也是实现中华民族伟大复兴的关键一招。作为坚持改革开放的重要举措，不断深化经济、政治、文化、社会和生态文明诸方面的体制改革，则是发挥好“关键

① 《在参加十二届全国人大二次会议贵州代表团审议时的讲话》（2014 年 3 月 7 日），载《习近平关于社会主义生态文明建设论述摘编》，中央文献出版社 2017 年版，第 8 页。

一招”的核心举措。这其中，着力加强生态文明制度建设，不断完善生态文明制度体系，就构成了深化生态文明体制改革的重要内容。当前，我们要着力在顶层设计与考核导向，建立和完善科学的政绩考核评价体系，如生态红线划定制度、不“唯 GDP 论”等方面下大功夫。第三，关于生态文明与全面依法治国。这一关系范畴的核心是以法治思维、法律利器，在科学立法、严格执法、公正司法和全民守法的各个环节，为生态文明建设提供法治保障。我们要着力加强对生态环境破坏犯罪的刑事立法的强化和打击力度、坚决“实行省以下环保机构监测监察执法垂直管理制度”、进一步强化“举证责任倒置”制度、以法定责任和义务让自己和他人不破坏生态环境，等等。第四，关于生态文明与全面从严治党。中国共产党始终是中国特色社会主义建设事业的领导核心，生态文明建设也不例外。我们要着力引导党员干部着力以马克思主义自然辩证法武装头脑，着力以习近平同志关于生态文明建设的重要论述武装头脑，全面增强生态文明建设基本素养和领导水平，从而促进和推进党的建设与生态文明建设具体业务工作的有效融合。

（四）关于生态文明与经济发展新常态

习近平同志指出：“要把适应新常态、把握新常态、引领新常态作为贯穿发展全局和全过程的大逻辑。”① 当前，我国经济发展进入新常态。可以说，这是客观经济规律作用的体现，是改革开放近四十年经济高速发展出现回调的必然结果；从哲学视角看，符合事物“肯定——否定——否定之否定”发展的大规律。与否定之否定规律一样，“常态——非常态——新常态”，都揭示出经济社会发展螺旋式进程中的内在要求、内在突破和寻求变革力量的历史必然。

（五）关于生态文明与新发展理念

新发展理念，即创新、协调、绿色、开放、共享，是党的十八届五中全会确立的事关我国中长期发展理念的全新变革。从根本上说，新发展理念无不为生态文明提供方法论和战略举措支撑，生态文明建设又无不彰显新发展理念的内在要求。一是坚持创新发展。从根本上说，生态文明时代的到来，是生产力决定生产关系这一社会历史发展规律的必然体现。而绿色科技、绿色技术、绿色生产工具和绿色产业的创新性变革则是这一历史变革中的决定性因素。我国杰出的科学家钱学森所预言的第五次和第六次产业革命（生态产业革命）的发展趋势，即依据产业革命和生产工具的重大创新所进行的

---

① 习近平：《在省部级主要领导干部学习贯彻党的十八届五中全会精神专题研讨班上的讲话》（2016年1月18日），《人民日报》2016年5月10日。

划分。二是坚持协调发展，必须牢牢把握中国特色社会主义事业总体布局，重点促进城乡区域协调发展，促进新型工业化、信息化、城镇化、农业现代化和绿色化同步发展。三是坚持绿色发展，必须坚持节约资源和保护环境的基本国策，加快改变传统要素投入结构过度依赖劳动力、土地和资源等一般性生产要素投入的现象，牢固树立绿水青山就是金山银山的科学发展观，坚定不移走生产发展、生态良好、生活幸福、生命健康的“四生”共赢新文明模式，在更高层次、更大范围、更广视野推动形成人与自然和谐和解的生态文明建设新格局。四是坚持开放发展，必须按照全球视野、国际胸怀、人类一个命运共同体的发展理念积极参与全球生态环境治理，更加主动参与及至引领全球气候变化事务，主动参与面向2030年的世界可持续发展议程，提高我国生态文明建设主张的全球话语权，构建广泛的命运和利益共同体。五是坚持共享发展，必须率先并着力从解决人民最关心、最直接、最现实的环境问题入手，不断提高生态产品供给能力和普惠民生的能力，使民生福祉得到全面改善。

（六）关于生态文明与供给侧改革

供给侧改革是新常态下着力改善供给体系的供给效率和质量，着力调整经济结构、发展方式结构、增长动力结构，着力实现供给侧和需求侧同步调整和动态平衡的新逻辑、新战略和新举措。科学统筹经济社会与环境保护两者内在关系，给力绿色发展，必须高度重视“供给侧改革和生态文明建设”这一关系范畴。建设生态文明，就其产业基础和产业结构而言，不外乎两条路径。一是传统“三高两低”粗放型发展产业的绿色化，近年来相对成熟的做法如推广清洁生产、发展循环经济、有效节能减排等；二是新兴绿色产业、战略性新兴产业的规模化，如近年来方兴未艾的生态产业、低碳产业（也如目前资本市场大力角逐的石墨烯推广应用等）。但不论是传统产业的绿色化还是绿色产业的规模化，都与供给侧改革的核心导向有异曲同工之处，这里以供给侧改革与生态文明建设的“加减乘除”法予以说明。[①] 坚持做加法，重在补短板、强产品，扩大有效供给，以生态产品品种多样、服务品质提升为导向，增加清洁空气、洁净饮水等优质生态产品和生态质量的有效供给；坚持做减法，重在去产能、调结构，减少无效供给，抑制旧产业、旧业态的供给需求，加快资源从传统“三高两低”行业的退出速度；坚持做乘法，重在增要素、提效率，矫正要素配置扭曲，更加重视生态环境这一生产力的要素；坚持做除法，重在禁红线、强保障，寻求最大公约

① 参见黄承梁：《以供给侧改革推动生态文明建设》，《中国环境报》2016 年 3 月 12 日。

数，着力发挥制度供给保障优势，继续深化生态文明体制改革。

深刻认识和把握习近平新时代生态文明建设思想产业的历史条件和时代总依据，需要在整体认识和把握习近平新时代中国特色社会主义思想中，从比较范畴辩证看待。比如坚持社会主义建设事业总依据，以经济建设为中心，不等于不顾及经济社会、人口与资源环境的可持续发展，继续走先污染、后治理或者说只污染不治理的老路子，而是要立足经济发展新常态，更加自觉地统筹经济发展与环境保护的关系，坚持“新五化”协调发展，贯穿创新、协调、绿色、开放、共享的新发展理念；坚持社会主义建设事业“五位一体”总体布局，既不等于经济建设、政治建设、文化建设、社会建设和生态文明建设平均用力、齐头并进，更不等于九龙治水、单兵突进、相互割裂，而是要更加注重生态文明建设的基础性地位和前置性理念，自始至终把生态文明建设融入经济建设、政治建设、文化建设和社会建设全过程和各个方面，以绿色化思维、绿色发展理念统筹谋划事物发展的各个方面、各个层次和各个要素，从而实现治本和治标相结合、整体推进和重点突破相统一；坚持实现中华民族伟大复兴中国梦的总任务，不等于狭隘的民族梦、只有中国人的梦，相反，要按照习近平同志“必须从全球视野加快推进生态文明建设”的科学论断，以宽广的人类共有一个地球家园的博大胸怀和推动建设人类命运共同体的全球治理理念，特别是按照习近平同志在中国共产党成立95周年庆祝大会上“为人类对更好社会制度的探索提供中国方案”[①]的讲话精神，坚持中国梦与世界梦、美丽中国与美丽世界的辩证统一，实现中国与世界发展共同的绿色之梦。

二、社会主义生态文明建设新的历史方位和发展坐标

（一）中国特色社会主义进入了新时代

党的十九大报告提出了事关中国特色社会主义现代化建设根本性、全局性、历史性，对党和国家事业发展具有重大而深远影响的新战略判断，即中国特色社会主义进入了新时代。报告在第一部分，即“过去五年的工作和历史性变革”中指出：经过长期努力，中国特色社会主义进入了新时代，这是我国发展新的历史方位。报告指出：这个新时代，是承前启后、继往开来、在新的历史条件下继续夺取中国特色社会主义伟大胜利的时代，是决胜全面建成小康社会、进而全面建设社会主义现代化强国的时代，是全国各族人民团结奋斗、不断创

① 习近平：《在中国共产党成立95周年庆祝大会上的讲话》（2016年7月1日），《人民日报》2016年7月2日。

造美好生活、逐步实现全体人民共同富裕的时代，是全体中华儿女勠力同心、奋力实现中华民族伟大复兴中国梦的时代，是我国日益走近世界舞台中央、不断为人类作出更大贡献的时代。这都成为当代中国建设生态文明最大的时代特征、时代坐标，成为新时代生态文明建设的时代总依据、外部总条件、时代总格局，也凸显出社会主义生态文明新时代认识的不断深化和历久弥新。

（二）我国社会主要矛盾已经转化为人民日益增长的美好生活需要和不平衡不充分发展之间矛盾的时代

党的十九大报告指出：我国社会主要矛盾已经转化为人民日益增长的美好生活需要和不平衡不充分发展之间矛盾的时代。报告指出，我国稳定解决了十几亿人的温饱问题，总体上实现小康，不久将全面建成小康社会，人民美好生活需要日益广泛，不仅对物质文化生活提出了更高要求，而且在民主、法治、公平、正义、安全、环境等方面的要求日益增长。这个重大战略判断，对科学把握当前生态文明建设的主要矛盾尤其具有十分精准、对症下药和有的放矢的指导意义。

在某种意义和很大程度上，改革开放以来我国经济发展的动力源泉源自“资源红利”和“人口红利”，在快速发展的工业化、城镇化进程中，发展方式粗放，消耗大、浪费多，能源、资源供给矛盾变得十分突出，环境污染十分严重，水、土壤、空气污染加重的趋势尚未得到根本遏制，部分大中城市大气污染问题突出，雾霾等极端天气增多，给人民群众身心健康带来严重危害。另一方面，随着人们物质生活水平和消费水平的不断提高，老百姓由盼“温饱”走向盼“环保”，由求“生存”走向求“生态”，对优质生态产品、优良生态环境的需求越来越迫切。这都表明，人民群众对美好生活环境的向往、对环境权的维护、对公共生态产品的需求与生态资源环境的承载力、生态公共产品不足、生态环保形势严峻之间的矛盾日益凸显，矛盾发展的态势正在逐步向主要矛盾或矛盾的主要方面靠拢、演化。我们必须紧扣我国社会主要矛盾变化，统筹推进经济建设、政治建设、文化建设、社会建设、生态文明建设，整体提升物质文明、政治文明、精神文明、社会文明和生态文明发展水平。

（三）必须进行具有许多新的历史特点的伟大斗争

党的十九大报告在“新时代中国共产党的历史使命”中指出：实现伟大梦想，必须进行伟大斗争。社会是在矛盾运动中前进的，有矛盾就会有斗争。我们党要团结带领人民有效应对重大挑战、抵御重大风险、克服重大阻力、解决重大矛盾，必须进行具有许多新的历史特点的伟大斗争。报告还分别指出：实现伟大梦想，必须建设伟大工程。这个伟大工程就是我们党正在深入推进的党的建设新的伟大工程；实现伟大梦想，必须推进伟大事业；伟大斗争，伟大工程，伟大事业，伟大梦想，紧密联系、相互贯通、相互作用。当今时代，能源资源相对不足、生态环境承载能力不强，已成为我国的一个基本国情。发达国家一两百年出现的环境问题，在我国改革开放近四十年来的快速发展中集中显现，呈现出明显的结构型、压缩型和复合型等特点，老的环境问题尚未解决，新的环境问题接踵而至。与此同时，2008 年国际金融危机后，为了促进全球经济复苏和应对气候变化、能源资源危机等挑战，全球范围，特别是主要西方发达国家纷纷提出和推行“绿色新政”“绿色经济”和“绿色增长”，并演化成为一种新的国际话语权斗争。当代中国生态文明建设，越来越成为与政治、经济、民生工程和国际治理、全球博弈的综合性问题，成为衡量“五位一体”中国特色社会主义伟大事业是否全面的重要砝码。实现中华民族伟大复兴的美丽中国梦，积极构建生态文明建设人类命运共同体，“其中起决定性作用的是党的建设新的伟大工程”。

第二节　积极构建生态文明建设哲学社会科学话语体系、理论体系

马克思指出："任何真正的哲学都是自己时代精神的精华"①。面对资源约束趋紧、环境污染严重、生态系统退化的严峻形势，着眼实现中华民族伟大复兴美丽中国梦，着眼生态文明建设人类命运共同体，时代迫切需要我们在整体和全面把握习近平新时代生态文明建设思想及其科学论断的基础上，持续深入探求习近平同志开辟马克思主义生态文明观新的理论境界的创作热情和思想渊源，系统阐释习近平新时代生态文明建设思想和科学论断产生的时代总依据及其历史条件，进而构建、发展和繁荣立足当代中国、面向世界的生态文明哲学社会科学话语体系。

一、深刻认识新时代生态文明建设思想的创作热情和思想渊源

习近平同志是马克思主义生态文明观理论家、思想

① 《马克思恩格斯全集》第1卷，人民出版社1956年版，第121页。

家。纵观党的十八大以来习近平同志关于生态文明建设的全部论述、科学论断及其思想内涵，无不以其系统性、完整性、科学性和深邃性，全面和深刻地回答了事关生态文明建设全貌的一系列重大理论和实践时代课题。概而言之，如关于生态文明的一般规律，就是“生态兴则文明兴，生态衰则文明衰”；关于生态文明的发展实质，就是“保护生态环境就是保护生产力，改善生态环境就是发展生产力”；关于生态文明建设的发展道路，就是“绿色发展、低碳发展、循环发展”，“把生态文明建设融入经济建设、政治建设、文化建设、社会建设各方面和全过程”；关于生态文明的发展阶段，就是“生态文明是工业文明发展到一定阶段的产物”；关于生态文明建设的根本任务，就是“为人民群众创造良好生产生活环境”；关于生态文明建设的发展动力，就是“紧紧围绕美丽中国深化生态文明体制改革”；关于生态文明建设的根本动力与发展目标，就是“建设生态文明是实现中华民族伟大复兴的中国梦的重要内容”；关于生态文明建设的全球治理，就是“必须从全球视野加快推进生态文明建设”，等等。这些方面，实现了马克思、恩格斯关于人、自然、社会之间关系的真正统一，凸显了习近平新时代生态文明建设思想崭新的话语体系和实践体系。

恰如恩格斯在《〈自然辩证法〉导言》中所指出：

“这是一次人类从来没有经历过的最伟大的、进步的变革，是一个需要巨人而且产生了巨人——在思维能力、热情和性格方面，在多才多艺和学识渊博方面的巨人的时代。”[①] 深刻领会、全面系统学习习近平新时代生态文明建设思想及其科学论断，积极构建面向世界的中国生态文明哲学社会科学话语体系，不得不追溯习近平同志自 20 世纪 80 年代初主政河北正定县委以来各个阶段关于生态环境保护的相关论述，借以发现习近平新时代生态文明建设思想持续的创作热情和历史渊源。

（一）宁肯不要钱，也不要污染

20 世纪 80 年代初，习近平同志刚刚主政河北正定。习近平同志负责制定了《正定县经济技术、社会发展总体规划》。在该规划中，有一句朴素而坚定的话语：“宁肯不要钱，也不要污染。”有必要指出，这不是一句口号，而是着眼 20 世纪 80 年代初至 20 世纪末近二十年的发展目标，即“制止对自然环境的破坏，防止新污染发生，治理现有污染源”[②]。

---

① 《马克思恩格斯选集》第 3 卷，人民出版社 1972 年版，第 445 页。

② 程宝怀、刘晓翠、吴志辉：《习近平同志在正定》，《河北日报》2014 年 1 月 2 日。

（二）提高经济、社会和生态三种效益

20 世纪 80 年代末，习近平同志任福建宁德地委书记。他在《闽东的振兴在于“林”——试谈闽东经济发展的一个战略问题》一文中明确提出：“提高经济、社会和生态三种效益”[①]。他说，发展林业具有同森林一样的生态效益，它的涵养水源、保持水土、防风固沙等功能，能够促进生态系统的良性循环，也可以作为闽东百姓脱贫致富的一个重要路径，因而，“闽东经济发展的潜力在于山，兴旺在于林。”[②] 尽管习近平同志主政宁德仅仅两年时间，但是他却带领班子成员绘就了闽东林业振兴的蓝图，这就是确保到 1995 年第一个发展规划期，宁德地区的森林覆盖率、全区的绿化程度，分别要达到 51%和 70%，全区要完成荒山绿化任务。

（三）你善待环境，环境是友好的；你污染环境，环境总有一天会翻脸，会毫不留情地报复你

本世纪初，习近平同志主政浙江，针对浙江经济高速增长过程中的环境问题，他深刻指出：“你善待环境，

① 习近平：《闽东的振兴在于“林”——试谈闽东经济发展的一个战略问题》，见《摆脱贫困》，福建人民出版社 2014 年版，第 83 页。

② 习近平：《闽东的振兴在于“林”——试谈闽东经济发展的一个战略问题》，见《摆脱贫困》，福建人民出版社 2014 年版，第 83 页。

环境是友好的；你污染环境，环境总有一天会翻脸，会毫不留情地报复你。这是自然界的客观规律，不以人的意志为转移。”[①] 他要求人们以长远眼光看待生态环境问题。他以欠债还钱，天经地义的例子说，赚钱做生意，不能欠环境的债，否则，将来肯定要赔上高额的利息。因而，解决环境污染的历史欠债问题，既要主动还，还要早还，否则没法向后人交代。

（四）绿水青山就是金山银山的“两座山”论

2006 年 3 月，同样是主政浙江期间，习近平同志为“之江新语”栏目撰文——《从“两座山”看生态环境》。在该文中，他首次以提出以“金山银山”和“绿水青山”为内容的“两座山”范畴。指出，“金山银山”和“绿水青山”这“两山”既存矛盾又辩证统一。固然，人们一度以牺牲自然环境资源为代价，以绿水青山去换金山银山，没有顾及自然环境的承载能力，但随着经济发展与生态环境资源之间的矛盾的凸显，人们意识到“留得青山在，才能有柴烧”，要学会把种常青树当作摇钱树，使生态优势与经济优势两者浑然一体、和谐统一于“绿水青山就是金山银山”。这就是习近平同志著名的“金山银山与绿水青山”关系范畴的“两座山”论的原型和

① 习近平：《之江新语》，浙江人民出版社 2007 年版，第 141 页。

出处。[①] 需要指出的是，这样的表述，习近平同志之前就已经提出。

二、当代中国和世界生态文明建设的辩证法

（一）生态文明建设本质的科学揭示，马克思主义唯物史观范畴新的生态世界观

历史唯物主义始终认为，生产力和生产关系的矛盾，存在于一切社会形态之中，规定着社会性质和基本结构，推动着人类社会由低级向高级发展。生产力是推动社会进步最活跃、最革命的要素。社会主义的根本任务是解放和发展社会生产力，物质生产是社会历史发展的决定性因素。习近平同志关于生态文明建设的重要论述及其科学论断，核心一点，就是始终牢牢把握了生产力与生产关系这一马克思主义生产观的根本范畴，始终以马克思主义唯物史观为指导，科学揭示了生态文明建设的本质属性及其发展规律。如关于“保护生态环境就

---

① 2016 年 9 月 3 日，习近平同志在 G20 杭州工商峰会上再次谈到了他在浙江提出的“绿水青山就是金山银山”科学论断，他说：“在新的起点上，我们将坚定不移推进绿色发展，谋求更佳质量效益。我多次说过，绿水青山就是金山银山，保护环境就是保护生产力，改善环境就是发展生产力。这个朴素的道理正得到越来越多人们的认同。而我对这样的一个判断和认识正是在浙江提出来的。”（见《习近平出席 2016 年二十国集团工商峰会开幕式并发表主旨演讲》，《人民日报》2016 年 9 月 4 日。）

是保护生产力、改善生态环境就是发展生产力”“绿水青山就是金山银山”等科学论断，就是关于生态文明建设本质所作的更高水平、更深层次的提炼。从本质上讲，生态文明作为人类文明一种更高级别、更高形态的发展状态，归根结底是生产力决定生产关系，生产关系适应和促进生产力发展的历史必然。把生态要素引入生产力范畴，强调保护生态环境就是保护生产力，纠正以往离开环境保护单一追求经济建设的错误认识；强调绿水青山就是金山银山，建立了面向未来、面向世界的绿色发展生产力观。特别需要指出，生态文明建设既是中国特色社会主义建设事业“五位一体”总体布局的重要组成部分，也是社会主义全面发展属性的内在要求，但这决不等于说，生态文明只是中国的，只是社会主义的。相反，生态文明本身就是工业文明发展理念的科学扬弃，资本主义部分发达国家今天在绿色技术方面的重大突破和绿色产业方面的大范围实践，表明生态文明正在何种程度上，更加接近和符合习近平同志“生态文明是工业文明发展到一定阶段的产物”、是“实现人与自然和谐发展的新要求”的科学论断。一句话，建设生态文明就是发展绿色生产力，这是习近平同志关于生态文明本质的科学阐发。我们建设生态文明的所有工作，都应当从这个本质出发，从而确保生态文明建设的战略重点、战略方向，始终是引领潮流的大趋势。

（二）生态文明建设新的认识论、方法论，马克思主义自然辩证法新的认识境界

习近平同志关于生态文明建设重要论述的全部，突出体现了问题导向、底线思维、全局观、系统思维等科学思维方法。关于问题导向，他说，“全党同志都要清醒认识保护生态环境、治理环境污染的紧迫性和艰巨性，清醒认识加强生态文明建设的重要性和必要性，真正下决心把环境污染治理好、把生态环境建设好，为人民创造良好生产生活环境”①；关于底线思维，他说，“生态红线的观念一定要牢固树立起来。在生态环境保护问题上，就是要不能越雷池一步，否则就应该受到惩罚”②；关于全局观，他说，“用途管制和生态修复必须遵循自然规律，如果种树的只管种树、治水的只管治水、护田的单纯护田，很容易顾此失彼，最终造成生态的系统性破坏”③；关于系统论，他说，“环境治理是一个系统工程，必须作为重大民生实事紧紧抓在手上。要按照系统工程的思路，抓好生态文明建设重点任务的落

---

① 习近平：《在中央政治局第六次集体学习时的讲话》（2013 年 5 月 24 日），载《习近平关于生态社会主义文明建设论述摘编》，中央文献出版社 2017 年版，第 7 页。

② 习近平：《在中央政治局第六次集体学习时的讲话》（2013 年 5 月 24 日），载《习近平关于生态社会主义文明建设论述摘编》，中央文献出版社 2017 年版，第 99 页。

③ 习近平：《关于〈中共中央关于全面深化改革若干重大问题的决定〉的说明》，《人民日报》2013 年 11 月 16 日。

实”[①]。强烈的问题意识，鲜明的问题导向、底线意识和红线思维，系统的全局观、大局观，展现了马克思主义生态文明经典作家对自然辩证法的深谙和熟悉应用。

（三）人类一个地球家园永续存在的东方大智慧、大格局

当今世界，自然科学与技术在改变人们生产方式和生活方式的同时，也带来了潜在的、不可控的风险。科学技术的发展既有与人的需求和发展相和谐的一面，也有与人的需求和发展相冲突矛盾的一面。甚至在某种程度上，现代生态系统的高度紧张，恰恰源于人们对科技进步的盲目应用。美国生物学家康芒纳就此指出：“新技术是一个经济上的胜利——但它也是一个生态学上的失败。”[②] 氟利昂（FREON）就是技术成功等于生态失败的一个典型事例。20 世纪 30 年代，美国杜邦公司将其产品命名为氟利昂并开始大量用于商业生产，曾创造了 22 亿美元年销售额的巨大成功。但是，直到 20 世纪 80 年代，科学家逐渐发现这类合成物有破坏臭氧层的性质。1984 年 10 月，联合国通过《特伦多备忘录》，

① 习近平：《在北京考察工作时的讲话》（2014 年 2 月 25 日），《人民日报》2014 年 2 月 27 日。

② ［美］巴里·康芒纳：《封闭的循环——自然、人和科技》，侯文惠译，吉林人民出版社 1997 年版，第 120 页。

要求大量减少氟利昂的使用。然而，问题远未到解决的程度，2015 年 10 月，美国宇航局国家海洋和大气管理局（NOAA）的科学家称臭氧层空洞扩大到了峰值——2820 万平方公里。因而，科学技术发展中的一些基本价值问题，单凭自然科学与技术不可能解决人类面临的困境。在这里，东方传统和当代中国建设生态文明的大智慧，将为构建面向世界的中国特色生态文明哲学社会科学话语体系，为人类文明和社会进步作出属于我们自己的独特贡献。

三、不断开拓马克思主义生态文明观新的理论境界

不断推进实践基础上的理论创新，把马克思主义基本原理同中国实际相结合，坚持和发展中国特色社会主义理论体系，是我们党永恒的思想品格。社会主义生态文明从术语、概念和思潮的兴起到“五位一体”社会主义建设事业总体布局，其间已经经历相当长的一个历史时期。但不论从国内看，还是从国际看，我们都缺乏一套完整科学的理论体系来有效应对社会主义生态文明新时代前进道路上可以预见和难以预见的各种困难、风险和考验。习近平新时代生态文明建设思想及其科学论断，以马克思主义生态文明经典作家历史和时代的眼光，创造性、科学性、系统性地回答了事关生态文明建

设基本内涵、为什么要建设生态文明、怎样建设生态文明的重大理论体系课题，特别是以其“人山水林田湖”“要像保护眼睛一样保护生态环境，像对待生命一样对待生态环境”“两山论”和“生态文明是工业文明发展到一定阶段的产物”的科学论断，为人类“不忘初心、善待自然、继续前进”指明了方向，开辟了马克思主义人与自然观的新境界，创造了当代中国马克思主义生态文明哲学社会科学理论体系和话语体系。

无疑，习近平新时代生态文明建设思想，就是当代马克思主义生态文明经典作家构筑的时代化、大众化、全球化的充满哲学与思辨的生态文明哲学社会科学话语体系。它立足中国、放眼全球，挖掘历史、把握当代，关怀人类、面向未来，在指导思想、学科体系、学术体系、话语体系等方面充分体现中国特色、中国风格和中国气派，向世界全面展示了当代全国全面解决生态问题所坚持的世界历史眼光，使人类共有的一个生态家园成为你中有我、我中有你的命运共同体。

第三节　马克思主义生态文明学说的当代创立

生态文明，是人类社会继原始文明、农业文明、工业文明之后崭新的以促进、实现和建立人与自然和谐共生的生态社会为目标的文明状态。生态文明是 21 世纪乃至人类未来发展实现人与自然和谐发展的新要求，既是中国特色社会主义建设事业“五位一体”总体布局和“四个全面”战略布局极其重要内容，也是实现中华民族伟大复兴中国梦的重要内容，还是由中国首倡、大力实践并借此推动人类共有一个生态系统命运共同体建设的“中国方案”。文明是人类永恒的主题，生态环境保护事实上伴随人类文明发展的历史征程，按照“生态兴则文明兴，生态衰则文明衰”的演变规律交替变化。生态文明不等同于环境保护，不能把生态文明这一事关人民福祉、事关民族未来、事关美丽中国和美丽世界梦的崭新人类新文明，人为看小、放小；生态文明学说也不等同于马克思主义人与自然一般规律学说。马克思主义人与自然观、生态观、自然辩证法是马克思主义关于人类史与自然史这样唯一一门历史科学发展的一般规律性学说，同样是人类社会自原始文明以来的永恒主题。而生态文明是人类更高级别的文明形态，是人类社会新阶段新的社会特征、文明特征。生态文明是“生态社会”的文明，而非其他一切社会的文明，是打开“生态文明”内涵之锁的唯一一把钥匙。生态社会的兴起、建立和走向完善与成熟，同原始社会、农业社会和工业社会一样，本质上受马克思主义“生产力与生产关系矛盾运动规律”支配的，只有如同“火和石器”于原始文明、“铁和犁”于农业文明、“纺纱机和蒸汽机”于工业文明一样，实现生态技术和生态工具的重大变革，才有可能形成建立在生态产业基础之上的生态社会及其物质、制度和文化层次。处在生态文明社会前夜的中国和世界，迫切需要一种全新的科学学说、科学理论和科学体系来指导、预见、迎接和拥抱生态社会文明形态的到来。基于对马克思主义科学学说、当代中国生态文明建设理论与实践、习近平新时代生态文明建设思想全貌的整体考察，可以得出一个基本结论，即恰如马克思、恩格斯主要是在批判地继承德国古典哲学基础之上创立马克思主义哲学、批判地继承英国古典政治经济学基础之上创立马克思主义政治经济学、批判地继承法国空想社会主义基础之上创立科学社会主义一样，习近平新时代生态文明建设思想，在批判地继承中华传统生态智慧、马克思主义自然辩证法思想基础之上，成为当代中国马克思主义生态文明学说，并借此成为马克思主义科学理论体系第四大学说。

一、马克思主义若干专门领域的创新性发展

马克思主义是由马克思、恩格斯创立，由马克思、恩格斯其后各个时代、各个民族的马克思主义者在实践

中不断丰富和发展的关于人类社会普遍发展规律的科学学说和科学理论体系。恩格斯就“马克思主义”这一称谓曾指出：“我所提供的，马克思没有我也能够做到，至多有几个专门的领域除外。”[①] 这也就是说，马克思主义本身不仅存在随着实践发展、继续发展的问题，也存在着若干专门领域的创新性发展问题。

在马克思主义哲学中，人与自然的关系是其“唯一一门历史科学”贯穿始终的主线，是其物质与意识、存在与思维、实践与认识、唯物主义与辩证主义、世界观与方法论等关系范畴的前提和活的灵魂。作为当代中国首倡并伟大实践的生态文明建设之重要理论基础的马克思主义自然辩证法，其创立的依据是恩格斯所处时代当时的自然科学成果，描绘的是当时整个自然界发展的辩证图景，是辩证法同当时自然科学发展及其科学技术辩证结合的科学理论。20 世纪以来自然科学的突飞猛进，特别是进入 21 世纪短短 20 年，信息技术、纳米技术、生命科学技术、空间科学技术远远超出了当时自然科学的眼界，极大地扩大和深化了人类对传统自然界的认识，也引发了人类对未知星系探索的认识，既在更加深刻的程度上揭示了自然界的辩证法，又更加证明了自然辩证法的科学性。但恰如当代中国特色社会主义建设

① 《马克思恩格斯选集》第 4 卷，人民出版社 2012 年版，第 248 页。

事业的伟大成就是马克思主义普遍真理同中国实际相结合的产物一样，生态文明建设，其以生态社会全面转型的形态出现，作为社会形态全面构成要素的经济基础、产业基础、国家治理、制度建设、社会面貌、文化形态，表现怎样、如何转型、以何种方式转型，都不是马克思和恩格斯在那个时代所能完全预见的，尽管他们认识到共产主义社会最终是人与自然和解的社会，但以人类更高文明发展阶段出现的“生态社会”，而非按照阶级社会——原始社会、奴隶社会、封建社会、资本主义社会、共产主义社会五种形态顺序更替，马克思主义创始人没有给出具有答案，也没有“生态社会”和“生态文明”这一专门术语。

二、人类进入“生态文明”社会运行规律的科学揭示

时代呼唤马克思主义生态文明学说成为继马克思主义主要由马克思主义哲学、马克思主义政治经济学和科学社会主义三大部分组成之后的马克思主义第四大学说体系。

其一，马克思主义哲学是关于自然、社会和思维一般发展规律的学说。建立在批判继承德国古典哲学和对自然科学的认知基础之上，马克思主义坚持自然优先于

人类存在、人类来源于自然演进和进化过程这一事实，创立并强调唯物论，提出物质第一、意识第二，存在决定意识的唯物论；又基于实践的介质特性和人的大脑区别于其他一切低等动物的特性，即人通过有意识地运用劳动工具作用于劳动对象的自然，可以认识自然、改造自然、“人化自然”，创造社会，形成人类史。基此创立辩证法、唯物史观，形成实践论和认识论。坚持唯物论与辩证法相结合，称为唯物辩证法；坚持唯物史观与辩证法相结合，称为历史辩证法；坚持辩证法作用于自然科学，称为自然辩证法。唯物、唯史、唯辩证，都是自然观与历史观的统一，都是实践论与认识论的统一，都是存在与思维的统一，是科学的世界观、自然观、实践观和方法论，形成马克思主义哲学体系。

其二，马克思主义政治经济学是马克思主义基于批判英国古典政治经济学基础之上形成的关于人类社会特别是工业文明社会经济发展运行规律的学说。简要地说，马克思主义创立了劳动价值论作为其政治经济学的理论基础，在劳动价值论基础上发现了剩余价值，在揭示剩余价值的过程中发现了劳资关系，并揭示出支配劳资关系的根本在于生产的社会化和生产资料的私人占有的对抗性矛盾，进而得出结论认为只有解决这个根本矛盾，才能够消除资本主义社会存在的固有矛盾。马克思主义政治经济学从其诞生起，就是从社会关系中划出生产关系，并把生产关系归结于生产力的高度，阐明了生产方式及与之相应的生产关系的发展变化是遵循着不以人们意志为转移的客观经济规律；又从生产关系入手，指出马克思主义政治经济学所研究的是人与人之间的关系，从而形成了马克思主义关于阶级社会的理论并其总体划分依据及其称谓。

其三，科学社会主义是马克思和恩格斯于19世纪40年代在批判继承法国空想社会理论基础之上形成的关于社会主义的本质、性质、特征和发展规律的科学理论。马克思主义充分发挥其哲学、政治经济学的理论基础，以唯物史观和剩余价值学说为核心，论证了社会主义必然代替资本主义的历史趋势，指出无产阶级建设社会主义和共产主义的伟大历史使命。科学社会主义对社会主义国家的兴起，特别是近现代中国革命和社会主义建设及其现代化，发挥了极其重要的理论指引和科学遵循。

其四，马克思主义生态文明学说。习近平新时代生态文明建设思想，不仅关注人类认识和改造自然中的一般规律，还以当代工业文明和科学技术发展现状及其历史趋势为研究对象，所要揭示的是工业文明社会发展到一定阶段后“生态文明”社会运行的特殊规律。这正是习近平新时代生态文明建设思想对当代中国马克思主义生态文明学说创立的历史性贡献和独特之处。这就是说，恰如马克思、恩格斯主要是在批判地继承德国古典哲学基础之上创立马克思主义哲学、批判地继承英国古典政治经济学基础之上创立马克思主义政治经济学、批判地继承法国空想社会主义基础之上创立科学社会主义一样，习近平新时代生态文明建设思想极大丰富和发展了马克思主义生态思想，续写了“马克思主义中国化”的光辉篇章，为马克思主义生态文明学说的创立作出了历史性贡献，并有望使马克思主义生态文明学说成为马克思主义科学理论体系继主要是由马克思主义哲学、马克思主义政治经济学、科学社会主义三大科学学说组成的传统认识之后，由马克思主义中国化的马克思主义经典作家创立的关于人类社会实现人与自然和谐和解、和谐共生较高发展阶段的第四大科学学说。

附　录：马克思恩格斯人与自然观与新时代生态文明建设思想学说对照

第一节　自然、人和社会

一、关于人

【恩格斯】“人是唯一能够由于劳动而摆脱纯粹的动物状态的动物——他的正常状态是和他的意识相适应的而且是要由他自己创造出来的。”①

【马克思和恩格斯】“全部人类历史的第一个前提无疑是有生命的个人的存在。……任何历史记载都应当从

① 《马克思恩格斯全集》第 20 卷，人民出版社 1971 年版，第 535—536 页。

这些自然基础以及它们在历史进程中由于人们的活动而发生的变更出发。”①

【习近平】“人民是历史的创造者，群众是真正的英雄。人民群众是我们力量的源泉。我们深深知道：每个人的力量是有限的，但只要我们万众一心，众志成城，就没有克服不了的困难；每个人的工作时间是有限的，但全心全意为人民服务是无限的。”②

【习近平】“改革开放在认识和实践上的每一次突破和发展，改革开放中每一个新生事物的产生和发展，改革开放每一个方面经验的创造和积累，无不来自亿万人民的实践和智慧。”③

【习近平】“中国梦归根到底是人民的梦，必须紧紧依靠人民来实现，必须不断为人民造福。”④“幸福不会从天而降，梦想不会自动成真。实现我们的奋斗目标，开创我们的美好未来，必须紧紧依靠人民、始终为了人民，必须依靠辛勤劳动、诚实劳动、创造性劳动。”⑤

---

① 《马克思恩格斯选集》第1卷，人民出版社1995年版，第67页。

② 习近平：《在十八届中央政治局常委与中外记者见面会上的讲话》，《人民日报》2012年11月16日。

③ 《习近平在中共中央政治局第二次集体学习时强调：以更大的政治勇气和智慧深化改革　朝着十八大指引的改革方向前进》，《人民日报》2013年1月2日。

④ 《十二届全国人大一次会议在京闭幕》，《人民日报》2013年3月18日。

⑤ 习近平：《在同全国劳动模范代表座谈时的讲话》（2013年4月28日），《人民日报》2013年4月29日。

二、关于人与自然统一

【马克思】“人和人之间的直接的、自然的、必然的关系是男女之间的关系。在这种自然的、类的关系中，人同自然界的关系直接就是人和人之间的关系，而人和人之间的关系直接就是人同自然界的关系，就是他自己的自然的规定。”①

【马克思】“自然界，就它自身不是人的身体而言，是人的无机的身体。人靠、自然界生活。这就是说，自然界是人为了不致死亡而必须与之处于持续不断地交互作用过程的、人的身体。所谓人的肉体生活和精神生活同自然界相联系，不外是说自然界同自身相联系，因为人是自然界的一部分。”②

【恩格斯】“我们统治自然界，决不像征服者统治异族人那样，决不是像站在自然界之外的人似的，——相反地，我们连同我们的肉、血和头脑都是属于自然界和存在于自然之中的……”③

【习近平】“我们要认识到，山水林田湖是一个生命共同体，人的命脉在田，田的命脉在水，水的命脉在山，山的命脉在土，土的命脉在树。用途管制和生态修

① 《马克思恩格斯全集》第 42 卷，人民出版社 1979 年版，第 119 页。
② 《马克思恩格斯选集》第 1 卷，人民出版社 1995 年版，第 45 页。
③ 《马克思恩格斯选集》第 4 卷，人民出版社 1995 年版，第 383—384 页。

复必须遵循自然规律，如果种树的只管种树、治水的只管治水、护田的单纯护田，很容易顾此失彼，最终造成生态的系统性破坏。”①

【恩格斯】“自然界是不依赖任何哲学而存在的；它是我们人类（本身就是自然界的产物）赖以生长的基础……”②

【恩格斯】“政治经济学家说：劳动是一切财富的源泉。其实，劳动和自然界在一起它才是一切财富的源泉，自然界为劳动提供材料，劳动把材料转变为财富。”③

【马克思】“土地是一个大实验场，是一个武库，既提供劳动资料，又提供劳动材料，还提供共同居住的地方，即共同体的基础。人类朴素天真地把土地当作共同体的财产，而且是在活劳动中生产并再生产自身的共同体的财产。”④

【习近平】“纵观世界发展史，保护生态环境就是保护生产力，改善生态环境就是发展生产力。良好生态环境是最公平的公共产品，是最普惠的民生福祉。对人的生存来说，金山银山固然重要，但绿水青山是人民幸福

① 习近平：《关于〈中共中央关于全面深化改革若干重大问题的决定〉的说明》（2013 年 11 月 9 日），载《十八大以来重要文献选编》（上），中央文献出版社 2014 年版，第 507 页。

② 《马克思恩格斯选集》第 4 卷，人民出版社 1995 年版，第 222 页。

③ 《马克思恩格斯选集》第 4 卷，人民出版社 1995 年版，第 373 页。

④ 《马克思恩格斯全集》第 30 卷，人民出版社 1997 年版，第 466 页。

生活的重要内容，是金钱不能代替的。你挣到了钱，但空气、饮用水都不合格，哪有什么幸福可言。”①

【习近平】“你善待环境，环境是友好的；你污染环境，环境总有一天会翻脸，会毫不留情地报复你。这是自然界的客观规律，不以人的意志为转移。”②

三、关于社会

【恩格斯】“现在我们可以把摩尔根的分期概括如下：蒙昧时代是以获取现成的天然产物为主的时期；人工产品主要是用作获取天然产物的辅助工具。野蛮时代是学会畜牧和农耕的时期，是学会靠人的活动来增加天然产物生产的方法的时期。文明时代是学会对天然产物进一步加工的时期，是真正的工业和艺术的时期。”③

【马克思】“大体说来，亚细亚的、古代的、封建的和现代资产阶级的生产方式可以看作是经济的社会形态演进的几个时代。”④

【习近平】“生态文明是人类社会进步的重大成果。

---

① 习近平：《在海南考察工作结束时的讲话》（2013年4月10日），载《习近平关于社会主义生态文明建设论述摘编》，中央文献出版社2017年版，第4页。

② 习近平：《之江新语》，浙江人民出版社2007年版，第141页。

③ 《马克思恩格斯选集》第4卷，人民出版社1995年版，第18—24页。

④ 《马克思恩格斯选集》第2卷，人民出版社1995年版，第33页。

人类经历了原始文明、农业文明、工业文明，生态文明是工业文明发展到一定阶段的产物，是实现人与自然和谐发展的新要求。”①

四、人、自然、社会的统一

【马克思】“自然界的人的本质只有对社会的人说来才是存在的；因为只有在社会中，自然界对人说来才是人与人联系的纽带，才是他为别人的存在和别人为他的存在，才是人的现实的生活要素；只有在社会中，自然界才是人自己的人的存在的基础。只有在社会中，人的自然的存在对他说来才是他的人的存在，而自然界对他说来才成为人。因此，社会是人同自然界的完成了的本质的统一……”②

【习近平】“我们既要绿水青山，也要金山银山。宁要绿水青山，不要金山银山，而且绿水青山就是金山银山。我们绝不能以牺牲生态环境为代价换取经济的一时发展。”③

① 习近平：《在中央政治局第六次集体学习时的讲话》（2013年5月24日），载《习近平关于社会主义生态文明建设论述摘编》，中央文献出版社2017年版，第6页。

② 《马克思恩格斯全集》第42卷，人民出版社1979年版，第122页。

③ 习近平：《在哈萨克斯坦纳扎尔巴耶夫大学发表演讲时的答问》（2013年9月7日），《人民日报》2013年9月8日。

第二节　辩证法是事关自然、人类社会和思维规律的科学

一、自然、社会的普遍联系和永恒发展

（一）世界表现为一个统一的体系

【恩格斯】“我们所接触到的整个自然界构成一个体系，即各种物体相联系的总体，而我们在这里所理解的物体，是指所有物质的存在，从星球到原子，甚至直到以太粒子，如果我们承认以太粒子存在的话。这些物体处于某种联系之中，这就包含了这样的意思：它们是相互作用着的……只要认识到宇宙是一个体系，是由各种物体相联系的总体，就不能不得出这个结论。”①

【习近平】“为什么这么多城市缺水？一个重要原因是水泥地太多，把能够涵养水源的林地、草地、湖泊、湿地给占用了，切断了自然的水循环，雨水来了，只能当作污水排走，地下水越抽越少。解决城市缺水问题，必须顺应自然。比如，在提升城市排水系统时要优先考虑把有限的雨水留下来，优先考虑更多利用自然力量排

① 《马克思恩格斯选集》第4卷，人民出版社1995年版，第347页。

水，建设自然积存、自然渗透、自然净化的‘海绵城市’”。[①]

（二）自然、社会的联系和发展是有规律的

【恩格斯】“整个自然界是受规律支配的，绝对排除任何外来的干涉。”[②]“自然规律是根本不能取消的。”[③]“我们对自然界的全部统治力量，就在于我们比其他一切生物强，能够认识和正确运用自然规律。事实上，我们一天天地学会更正确地理解自然规律，学会认识我们对自然界的习常过程所作的干预所引起的较近或较远的后果。”[④]

【习近平】“很多国家，包括一些发达国家，在发展过程中把生态环境破坏了，搞起一堆东西，最后一看都是一些破坏性的东西。再补回去，成本比当初创造的财富还要多。特别是有些地方，像重金属污染区，水被污染土壤被污染了，到了积重难返的地步。”[⑤]

---

① 习近平：《在中央城镇化工作会议上的讲话》（2013 年 12 月 12 日），载《十八大以来重要文献选编》（上），中央文献出版社 2014 年版，第 603 页。

② 《马克思恩格斯选集》第 3 卷，人民出版社 1995 年版，第 701 页。

③ 《马克思恩格斯选集》第 4 卷，人民出版社 1995 年版，第 580 页。

④ 《马克思恩格斯选集》第 4 卷，人民出版社 1995 年版，第 384 页。

⑤ 习近平：《在广东考察工作时的讲话》（2012 年 12 月 7 日），载《习近平关于社会主义生态文明建设论述摘编》，中央文献出版社 2017 年版，第 3 页。

二、辩证法恰好是最重要的思维形式

【恩格斯】“辩证法的规律是从自然界和人类社会的历史中抽象出来的。辩证法的规律无非是历史发展的这两个阶段和思维本身的最一般的规律。它们实质上可归结为下面三个规律：量转化为质和质转化为量的规律；对立的相互渗透的规律；否定的否定的规律。”①

【恩格斯】“……特别自本世纪自然科学大踏步前进以来，我们越来越有可能学会认识并因而控制那些至少是由我们的最常见的生产行为所引起的较远的自然后果。……但是，如果说我们需要经过几千年的劳动才多少学会估计我们的生产行为的较远的自然影响，那么我们想学会预见这些行为的较远的社会影响就更加困难得多了。”②

【习近平】“生态环境保护的成败，归根结底取决于经济结构和经济发展方式。经济发展不应是对资源和生态环境的竭泽而渔，生态环境保护也不应是舍弃经济发展的缘木求鱼，而是要坚持在发展中保护、在保护中发展，实现经济社会发展与人口、资源、环境相协调，不断提高资源利用水平，加快构建绿色生产体系，大力增

① 《马克思恩格斯选集》第4卷，人民出版社1995年版，第310页。
② 《马克思恩格斯选集》第4卷，人民出版社1995年版，第384页。

强全社会节约意识、环保意识、生态意识。”①

【习近平】“增长速度很重要，没有一定的速度，就很难说经济工作做得好。但是，速度不是越快越好，关键在于质量和效益，否则速度也难以为继。必须看到，目前我国经济发展条件和环境已经发生重大变化，经济潜在增长能力有所下降，如果继续追求过快的增长速度，不仅违背经济规律，而且会加剧已有矛盾、带来诸多风险。”②

【习近平】“全面促进资源能节约，节约资源是保护生态环境的根本之策。扬汤止沸不如釜底抽薪，在保护生态环境问题是尤其要确立这个观点。大部分对生态环境造成破坏的原因是来自对资源的过度开发、粗放型使用。如果竭泽而渔，最后必然是什么鱼也没有了。因此，必须从资源使用这个源头抓起。”③

三、蔑视辩证法是不能不受惩罚的

【恩格斯】“我们不要过分陶醉于我们人类对自然界

① 习近平：《在海南考察工作结束时的讲话》（2013年4月10日），载《习近平关于社会主义生态文明建设论述摘编》，中央文献出版社2017年版，第19页。

② 《习近平主持中央政治局常委会会议研究当前经济形势和经济工作》，《人民日报》2013年4月26日。

③ 习近平：《在中央政治局第六次集体学习时的讲话》（2013年5月24日），载《习近平关于社会主义生态文明建设论述摘编》，中央文献出版社2017年版，第44—45页。

的胜利。对于每一次这样的胜利，自然界都对我们进行报复。每一次胜利，起初确实取得了我们预期的结果，但是往后和再往后却发生完全不同的、出乎预料的影响，常常把最初的结果又消除了。”①

【恩格斯】“实际上，蔑视辩证法是不能不受惩罚的。”②

【恩格斯】“到目前为止的一切生产方式，都仅仅以取得劳动的最近的、最直接的效益为目的。那些只是在晚些时候才显现出来的、通过逐渐的重复和积累才产生效应的较远的结果，则完全被忽视了。”③

【恩格斯】“在今天的生产方式中，面对自然界以及社会，人们注意的主要只是最初的最明显的成果，可是后来人们又感到惊讶的是：人们为取得上述成果而作出的行为所产生的较远的影响，竟完全是另外一回事，在大多数情况下甚至是完全相反的；需求和供给之间的和谐，竟变成二者的两极对立……”④

【习近平】“在生态环境保护问题上，就是要不能越雷池一步，否则就应该受到惩罚。”⑤

---

① 《马克思恩格斯选集》第 4 卷，人民出版社 1995 年版，第 383 页。
② 《马克思恩格斯选集》第 4 卷，人民出版社 1995 年版，第 300 页。
③ 《马克思恩格斯选集》第 4 卷，人民出版社 1995 年版，第 385 页。
④ 《马克思恩格斯选集》第 4 卷，人民出版社 1995 年版，第 386 页。
⑤ 习近平：《在中央政治局第六次集体学习时的讲话》（2013 年 5 月 24 日），载《习近平关于社会主义生态文明建设论述摘编》，中央文献出版社 2017 年版，第 99 页。

【习近平】“我国雾霾天气、一些地区饮水安全和土壤重金属含量过高等严重污染问题集中暴露，社会反映强烈。经过30多年快速发展积累下来的环境问题进入了高强度频发阶段。这既是重大经济问题，也是重大社会和政治问题。环境问题引发的社会问题，是群众生态环保意识不断增强、维护环保权益的强烈诉求和我们一些决策之前的冲突。”①

【习近平】“党的十八大提出中国特色社会注意事业五位一体总体布局，把生态文明建设放到更加突出的位置，强调要实现科学发展，要加快转变经济发展方式。如果仍是粗放发展，即使事先了国内生产总值翻一番的目标，那污染又会是一种什么情况？届时资源环境恐怕完全承载不了。想一想，在现有基础上不转变经济发展方式事先经济总量增加一倍，产能继续过剩，那将是一种什么样的生态环境？”②

① 习近平：《在中央政治局常委会议上关于一季度经济形势的讲话》（2013年4月25日），载《习近平关于社会主义生态文明建设论述摘编》，中央文献出版社2017年版，第4页。

② 习近平：《在中央政治局常委会议上关于一季度经济形势的讲话》（2013年4月25日），载《习近平关于社会主义生态文明建设论述摘编》，中央文献出版社2017年版，第5页。

第三节　社会生产与社会主义发展与改革

一、物质生产是人类社会存在和发展的前提

（一）农业劳动是其他一切劳动得以独立存在的自然基础和前提

【恩格斯】“农业是整个古代世界的决定性的生产部门，现在它更是这样了。”①

【马克思】“农业劳动是其他一切劳动得以独立存在的自然基础和前提。”②

【马克思】“食物的生产是直接生产者的生存和一切生产的首要条件……”③

【习近平】“夯实农业基础，保障农产品供给。把解决好‘三农’问题作为全党工作重中之重，必须长期坚持、毫不动摇，决不能因为连年丰收而对农业有丝毫忽视和放松。……创新农业经营体制，加快发展现代农业。要加强绿色生产，从源头上确保农产品质量安全。”④

---

① 《马克思恩格斯选集》第 4 卷，人民出版社 1995 年版，第 149 页。

② 《马克思恩格斯全集》第 26 卷，人民出版社 1972 年版，第 28—29 页。

③ 《马克思恩格斯选集》第 2 卷，人民出版社 1995 年版，第 544 页。

④ 《中央经济工作会议在北京举行　习近平温家宝李克强作重要讲话》，《人民日报》2012 年 12 月 17 日。

（二）社会生产包括精神生产

【马克思】“要研究精神生产和物质生产之间的联系，首先必须把这种物质生产本身不是当作一般范畴来考察，而是从一定的历史的形式来考察。例如，与资本主义生产方式相适应的精神生产，就和与中世纪生产方式相适应的精神生产不同。”①

【习近平】“我们中华文明传承5000多年，积淀了丰富的生态智慧。‘天人合一’、‘道法自然’的哲理思想，‘劝君莫打三春鸟，儿在巢中望母归’的经典诗句。‘一粥一饭，当思来处不易；半丝半缕，恒念物力维艰’的治家格言，这些质朴睿智的自然观，至今仍给人以深刻警示和启迪。”②

二、社会主义社会是一个不断开放和改革的社会

（一）坚持开放，促进多种文明相互交融

【马克思】“一个国家应该而且可以向其他国家学习。”③

【习近平】“保护生态环境，应对气候变化，维护能

① 《马克思恩格斯全集》第26卷，人民出版社1995年版，第296页。
② 习近平：《坚持节约资源和保护环境基本国策　努力走向社会主义生态文明新时代》，《人民日报》2013年5月25日。
③ 《马克思恩格斯选集》第2卷，人民出版社1995年版，第101页。

源资源安全，是全球面临的共同挑战。中国将继续承担应尽的国际义务，同世界各国深入开展生态文明领域的交流合作，推动成果分享，携手共建生态良好的地球美好家园。”①

（二）坚持改革，完善社会主义建设

【恩格斯】“我认为，所谓‘社会主义社会’不是一种一成不变的东西，而应当和其他社会制度一样，把它看成是经济变化和改革的社会。”②

【恩格斯】“我们的目的是要建立社会主义制度，这种制度将给所有的人提供健康而有益的工作，给所有的人提供充足的物质生活和闲暇时间，给所有的人提供真正的充分的自由。”③

【习近平】“我们党领导人民全面建设小康社会、进行改革开放和社会主义现代化建设的根本目的，就是要通过发展社会生产力，不断提高人民物质文化生活水平，促进人的全面发展。检验我们一切工作的成效，最终都要看人民是否真正得到了实惠，人民生活是否真正得到了改善，这是坚持立党为公、执政为民的本质要

① 习近平:《致生态文明贵阳国际论坛 2013 年年会的祝信》,《人民日报》2013 年 7 月 21 日。

② 《马克思恩格斯选集》第 4 卷，人民出版社 1995 年版，第 3 页。

③ 《马克思恩格斯全集》第 21 卷，人民出版社 1965 年版，第 570 页。

求，是党和人民事业不断发展的重要保证。”①

【习近平】“建设生态文明，关系人民福祉，关乎民族未来。党的十八大把生态文明建设纳入中国特色社会主义事业五位一体总体布局，明确提出大力推进生态文明建设，努力建设美丽中国，实现中华民族永续发展。这标志着我们对中国特色主义规律认识的进一步深化，表明了我们加强生态文明建设的坚定意志和坚强决心。”②

【习近平】“全面深化改革的总目标是完善和发展中国特色社会主义制度，推进国家治理体系和治理能力现代化。必须更加注重改革的系统性、整体性、协同性，加快发展社会主义市场经济、民主政治、先进文化、和谐社会、生态文明，让一切劳动、知识、技术、管理、资本的活力竞相迸发，让一切创造社会财富的源泉充分涌流，让发展成果更多更公平惠及全体人民。……紧紧围绕建设美丽中国深化生态文明体制改革，加快建立生态文明制度，健全国土空间开发、资源节约利用、生态环境保护的体制机制，推动形成人与自然和谐发展现代

---

① 习近平：《在党的十八届一中全会上的讲话》（2012 年 11 月 15 日），载《习近平关于社会主义生态文明建设论述摘编》，中央文献出版社 2017 年版，第 5 页。

② 习近平：《在中央政治局第六次集体学习时的讲话》（2013 年 5 月 24 日），载《习近平关于社会主义生态文明建设论述摘编》，中央文献出版社 2017 年版，第 5 页。

化建设新格局。”①

（三）促进城乡发展一体化

【恩格斯】“因此，城市和乡村的对立的消灭不仅是可能的。它已经成为工业生产本身的直接必需，同样它也已经成为农业生产和公共卫生事业的必需。只有通过城市和乡村的融合，现在的空气、水和土地的污染才能排除，只有通过这种融合，才能使目前城市中病弱的大众把粪便用于促进植物的生长，而不是任其引起疾病。”②

【恩格斯】“从大工业在全国的尽可能均衡的分布是消灭城市和乡村的分离的条件这方面来说，消灭城市和乡村的分离也不是什么空想。的确，文明在大城市中给我们留下了一种需要花费许多时间和力量才能消除的遗产。但是这种遗产必须被消除而且必将被消除，即使这是一个长期的过程。”③

【习近平】“大力推进城乡区域协调发展，实现城乡区域协调发展，不仅是国土空间均衡布局发展的需要，而且是走共同富裕道路的要求。没有农村的全面小康和

① 习近平：《关于〈中共中央关于全面深化改革若干重大问题的决定〉的说明》，《人民日报》2013 年 11 月 16 日。

② 《马克思恩格斯选集》第 3 卷，人民出版社 1995 年版，第 646—647 页。

③ 《马克思恩格斯选集》第 3 卷，人民出版社 1995 年版，第 647 页。

欠发达地区的全面小康，就没有全国的全面小康。要加大统筹城乡发展、统筹区域发展力度，加大对欠发达地区和农村的扶持力度，促进工业化、信息化、城镇化、农业现代化同步发展，推动城乡发展一体化，逐步缩小城乡区域发展差距，促进城乡区域共同繁荣。”①

【习近平】“积极稳妥推进城镇化，着力提高城镇化质量。城镇化是我国现代化建设的历史任务，也是扩大内需的最大潜力所在，要围绕提高城镇化质量，因势利导、趋利避害，积极引导城镇化健康发展。要构建科学合理的城市格局，大中小城市和小城镇、城市群要科学布局，与区域经济发展和产业布局紧密衔接，与资源环境承载能力相适应。要把有序推进农业转移人口市民化作为重要任务抓实抓好。要把生态文明理念和原则全面融入城镇化全过程，走集约、智能、绿色、低碳的新型城镇化道路。”②

① 《改革不停顿 开放不止步——习总书记广东考察工作讲话在各地干部群众中引起强烈反响》，《人民日报》2012 年 12 月 13 日。

② 《中央经济工作会议在北京举行 习近平温家宝李克强作重要讲话》，《人民日报》2012 年 12 月 17 日。

参考文献

一、著作类

1.《马克思恩格斯全集》第 19 卷，人民出版社 1963 年版。

2.《马克思恩格斯选集》第 1、3、4 卷，人民出版社 1995 年版。

3.《习近平谈治国理政》，外文出版社 2014 年版。

4.《习近平谈治国理政》第二卷，外文出版社 2017 年版。

5. 习近平：《摆脱贫困》，福建人民出版社 2014 年版。

6. 习近平：《之江新语》，浙江人民出版社 2007 年版。

7. 习近平：《干在实处　走在前列——推进浙江新发展的思考与实践》，中共中央党校出版社 2013 年版。

8.《习近平关于社会主义生态文明建设论述摘编》，中央文献出版社 2017 年版。

9. 陈宗兴主编：《生态文明建设》，学习出版社 2014 年版。

10. 王伟光：《习近平治国理政思想研究》，中国社会科学出版社 2016 年版。

11. [英] 安东尼·吉登斯：《现代性的后果》，田禾译，译林出版社 2000 年版。

12. [英] 伦纳德·霍布豪斯：《社会正义要素》，孔兆政译，吉林人民出版社 2006 年版。

13. [德] 鲁道夫·巴罗：《抉择——对现实存在的社会主义的批判》，严涛译，人民出版社 1983 年版。

14. [德] 萨克塞：《生态哲学》，文韬、佩云译，东方出版社 1991 年版。

15. [法] 亨利·柏格森：《创造进化论》，姜志辉译，商务印书馆 2004 年版。

16. [法] 亚历山大·基斯：《国际环境法》，张若思译，法律出版社 2000 年版。

17. [美] 沃德·杜博斯：《只有一个地球》，曲格平译，石油工业出版社 1976 年版。

18. [美] H. 马尔库塞：《工业社会和新左派》，任立译，商务印书馆 1982 年版。

19. [美] 约翰·罗尔斯：《正义论》，何怀宏译，中国社会科学出版社 1988 年版。

20. [美] 马尔库塞：《单向度的人》，刘继译，上海译文出版社 1989 年版。

21. [美] 蕾切尔·卡逊：《寂静的春天》，吕瑞兰、李长生译，吉林人民出版社 1997 年版。

22. [美] 芭芭拉·沃德勒内·杜博斯：《只有一个地球》，国外公害丛书编委会译，吉林人民出版社 1997 年版。

23. [美] 纳什：《大自然的权利》，杨通进译，青岛出版社 1999 年版。

24. [美] 霍尔姆斯·罗尔斯顿：《哲学走向荒野》，刘耳译，吉林人民出版社 2000 年版。

25. [美] 霍尔姆斯·罗尔斯顿：《环境伦理学》，杨通进译，中国社会科学出版社 2000 年版。

26. [美] 巴里·康芒纳：《与地球和平共处》，王喜六等译，上海译文出版社 2002 年版。

27. [美] 科斯塔斯・杜兹纳:《人权的终结》，郭春发译，江苏人民出版社 2002 年版。

28. [美] 丹尼尔・A. 科尔曼:《生态政治》，梅俊杰译，上海译文出版社 2002 年版。

29. [美] 托马斯・库恩:《科学革命的结构》，金吾伦、胡新和译，北京大学出版社 2003 年版。

30. [美] 安德鲁・芬伯格:《可选择的现代性》，陆俊、严耕译，中国社会科学出版社 2003 年版。

31. [美] 詹姆斯・奥康纳:《自然的理由——生态学马克思主义研究》，唐正东、臧佩洪译，南京大学出版社 2003 年版。

32. [美] 皮特・N. 斯特恩斯:《全球文明史》，赵铁峰译，中华书局 2006 年版。

33. [加] 威廉・莱斯:《自然的控制》，岳长龄、李建华译，重庆出版社 1993 年版。

34. [加] 本・阿格尔:《西方马克思主义概论》，慎之译，中国人民大学出版社 1991 年版。

35. [法] 列维 – 布留尔:《原始思维》，丁由译，商务印书馆 1981 年版。

36. [美] 弗・卡普拉:《转折点：科学・社会・兴起中的新文化》，冯禹译，中国人民大学出版社 1989 年版。

37. [英] 马丁・雅克:《当中国统治世界：中国的崛起和西方世界的衰落》，张莉等译，中信出版社 2010 年版。

38. [美] 理查德・沃林:《文化批评的观念》，张国清译，商务印书馆 2001 年版。

39. [美] 傅伟勋:《从西方哲学到禅佛教》，生活・读书・新知三联书店 2005 年版。

40.[英] E.F. 舒马赫:《小的是美好的》，虞鸿钧、郑关林译，商务印书馆 1984 年版。

41. [美] 巴里·康芒纳:《封闭的循环——自然、人和技术》，侯文蕙译，吉林人民出版社 1997 年版。

42. 潘家华:《中国的环境治理与生态建设》，中国社会科学出版社 2015 年版。

43. 黄承梁、余谋昌:《生态文明：人类社会全面转型》，中共中央党校出版社 2010 年版。

44. 国家林业局编:《建设生态文明　建设美丽中国——学习贯彻习近平总书记关于生态文明建设重大战略思想》，中国林业出版社 2014 年版。

45. 王雨辰:《生态学马克思主义与生态文明研究》，人民出版社 2015 年版。

46. 冯友兰:《中国哲学简史》，北京大学出版社 1985 年版。

47. 余谋昌:《当前西方生态伦理学研究的主要问题》，中国社会科学出版社 1994 年版。

48. 张慕津等:《中国生态文明建设的理论与实践》，清华大学出版社 2008 年版。

二、论文类

1. 习近平:《绿水青山就是金山银山》，《人民日报》2006 年 4 月 24 日。

2. 习近平:《关于〈中共中央关于全面深化改革若干重大问题的决定〉的说明》，《人民日报》2013 年 11 月 16 日。

3. 潘岳:《论社会主义生态文明》，《绿叶》2006 年第 10 期。

4. [美] 赫尔曼·F. 格林:《生态社会的召唤》，《自然辩证法研究》2006 年第 7 期。

5. 刘思华:《对建设社会主义生态文明论的若干回忆——兼述我的“马克思主义生态文明观”》，《中国地质大学学报（社会科学版）》

2008年第4期。

6. 黄志斌、任雪萍:《马克思恩格斯生态思想及当代价值》,《马克思主义研究》2008年第7期。

7. 陈学明:《"生态马克思主义"对于我们建设生态文明的启示》,《复旦学报(社会科学版)》2008年第4期。

8. 方世南:《社会主义生态文明是对马克思主义文明系统理论的丰富和发展》,《马克思主义研究》2008年第4期。

9. 赵成:《马克思的生态思想及其对我国生态文明建设的启示》,《马克思主义与现实》2009年第2期。

10. 王雨辰:《论生态学马克思主义的生态价值观》,《北京大学学报(哲学社会科学版)》2009年第5期。

11. 郭学军、张红海:《论马克思恩格斯的生态理论与当代生态文明建设》,《马克思主义与现实》2009年第1期。

12. 邓坤金、李国兴:《简论马克思主义的生态文明观》,《哲学研究》2010年第5期。

13. 李培超:《论生态文明的核心价值及其实现模式》,《当代世界与社会主义》2011年第1期。

14. 史方倩:《马克思主义生态观及其现代价值》,《理论月刊》2011年第1期。

15. 陶良虎:《建设生态文明 打造美丽中国——学习习近平总书记关于生态文明建设的重要论述》,《理论探索》2014年第2期。

16. 刘建伟:《习近平生态文明建设思想中蕴含的四大思维》,《求实》2015年第4期。

17. 李德栓:《论习近平同志认识人与自然关系的两个维度》,《毛泽东思想研究》2016年第2期。

18. 荣开明:《努力走向社会主义生态文明新时代——略论习近平推进生态文明建设的新论述》,《学习论坛》2017年第1期。

19. 娄伟、潘家华:《"生态红线"与"生态底线"概念辨析》,《人民论坛》2015 年第 36 期。

20.《经济新常态下的应对气候变化与生态文明建设——中国社会科学院庄贵阳研究员访谈录》,《阅江学刊》2016 年第 1 期。

21. 庄贵阳:《破解城镇化进程中高碳锁定效应》,《光明日报》2014 年 10 月 2 日。

22. 李萌:《2014 年中国生态补偿制度总体评估》,《生态经济》2015 年第 12 期。

23. 颜炳罡:《天人合一与生态文明》,《齐鲁晚报》2013 年 4 月 9 日。

24. 陈之荣:《地球演化的新突变时期——地球结构畸变与全球问题》,《科技导报》1991 年第 5 期。

25. 黄承梁:《以“四个全面”为指引走向生态文明新时代——深入学习贯彻习近平总书记关于生态文明建设的重要论述》,《求是》2015 年第 16 期。

26. 黄承梁:《从战略高度推进生态文明建设》,《人民日报》2017 年 6 月 21 日。

27. 黄承梁:《社会主义生态文明思潮到社会形态的历史演进》,《贵州社会科学》2015 年第 8 期。

28. 黄承梁:《生态文明建设战略全貌的科学揭示》,《中国环境报》2017 年 1 月 17 日。

29. 黄承梁:《以人类纪元史观范畴拓展生态文明认识新视野——深入学习习近平同志“金山银山”与“绿水青山”论》,《自然辩证法研究》2015 年第 2 期。

30. 黄承梁:《传承与复兴:论中国梦与生态文明建设》,《东岳论丛》2014 年第 9 期。

31. 黄承梁:《论生态文明融入经济建设的战略考量与路径选择》,《自然辩证法研究》2017 年第 1 期。

32. 黄承梁:《以供给侧改革推动生态文明建设》,《中国环境报》

2016 年 3 月 12 日。

33. 黄承梁：《整体把握新发展理念推进生态文明建设》，《中国环境报》2015 年 11 月 5 日。

34. 黄承梁：《以制度体系建设开创生态文明建设新格局》，《中国环境报》2013 年 11 月 21 日。

35. 黄承梁：《建设生态文明需要传统生态智慧》，《人民日报》2015 年 1 月 15 日。

36. 黄承梁：《生态文明与现代大学的教育使命》，《中国高等教育》2013 年第 9 期。

37. 黄承梁：《生态文明型生活方式最时尚》，《人民日报海外版》2013 年 2 月 22 日。

38. 黄承梁：《生态文明建设人类命运共同体的十大科学论断》，《东岳论丛》2017 年第 9 期。

39. 黄承梁：《论习近平新时代生态文明建设思想的核心价值》，《行政管理改革》2018 年第 2 期。

40. 黄承梁：《走进社会主义生态文明新时代》，《红旗文稿》2018 年第 3 期。

后　记

党的十九大的重要历史贡献，在于确立了习近平新时代中国特色社会主义思想。不仅如此，《中国共产党章程》和《中华人民共和国宪法修正案》都把习近平新时代中国特色社会主义思想同马克思列宁主义、毛泽东思想、邓小平理论、"三个代表"重要思想、科学发展观一道确立为党和国家长期坚持的指导思想和行动指南。深入学习领会习近平新时代中国特色社会主义思想，既需要从战略高度整体把握，还需要在各项工作中全面准确贯彻落实，使之成为经济建设、政治建设、文化建设、社会建设和生态文明建设各个领域党和国家事业发展的强大思想武器和行动指南。

党的十八大以来，习近平同志以马克思主义经典作家人与自然观新的理论境界、开放视野和博大胸怀，着眼中国生态环境发展严峻形势等一系列现实问题，立足社会主义生态文明新时代绿水青山就是金山银山的绿色化时代转向，进行艰辛理论思考和实践探索，就生态文明建设作了一系列重要论述，提出了一系列事关生态文明建设基本内涵、本质特征、演变规律、发展动力和历史使命等的崭新科学论断，以习近平新时代生态文明建设思想所形成的新的话语体系、理论体系全面、系统、深刻回答了新时代中国特色社会主义生态文明建设和当代中国和世界生态文明建设发展面临的一系列重大理论和现实问题，是实现人与自然和谐、构建人与自然和谐发展的现代化新格局的共同财富。

习近平新时代生态文明建设思想是人类生态文明建设思想史上的伟大革命。无论其广度还是深度，无论其国内意义还是全球影响，无论其民族性还是世界性，都是人类社会及其文明发展史上的一次重大理念变革、发展洞见和科学预见。它适应走向社会主义生态文明新时代新的历史发展，向前发展了马克思主义传统生态思想，为马克思主义补充了新原则；开辟了马克思主义人与自然观新的理论和实践境界，为作为人类社会崭新文明形态的生态文明建设首次确立科学的世界观、价值观、实践论和方法论；以马克思主义生态文明学说为人类特别是社会主义生态文明建设道路、理论体系和制度建设提供了根本遵循，是标志中华民族伟大复兴美丽中国梦的重要旗帜，是建设人类共有生态系统命运共同体的“中国方案”“绿色世界大同”。其中，中华民族优秀的生态智慧是习近平新时代生态文明建设思想对马克思主义生态文明学说作出历史贡献的源头活水；马克思、恩格斯关于人类历史与自然史交融互鉴的一般规律是习近平新时代生态文明建设思想对马克思主义生态文明学说作出历史贡献的理论基础；当代中国“五位一体”社会主义建设事业的伟大实践、资源生态和环境存在的严峻形势和治理经验是习近平新时代生态文明建设思想对马克思主义生态文明学说作出历史性贡献的实践基础。

这即《新时代生态文明建设思想概论》一书所要形成的“三段论”。本书主体内容来源于笔者近年来，特别是党的十八大以来发表在《人民日报》《求是》《中国环境报》等中央媒体以及《自然辩证法研究》《中国高等教育》《贵州社会科学》和《东岳论丛》等学术期刊的关于生态文明建设理论与实践的系列文章，按照全新的逻辑著作而成。极少数地方选录了相关专家学者的专门论述。需要说明的是，为阐明习近平新时代生态文明建设思想在何种程度上反映出习近平同志作为马克思主义理论家、思想家的远见卓识和深刻预言，书末以附录方式，将马克思、恩格斯人同自然观同习近平新时代生态文明建设思想学说进行对照阅读，希望能够方便读者原汁原味、原原本本学习和体会习近平新时代生态文明建设思想。

本书是国家社科基金十八大以来党中央治国理政新理念新思想新战略研究专项工程项目“习近平治国理政新思想研究”之生态文明建设思想研究的阶段性成果，受中国社会科学院生态文明研究智库重大理论成果专项资助。

“习近平治国理政新思想研究”之生态文明建设思想研究专项研究团队负责人为中国社会科学院城市发展与环境研究所所长、中国社会科学院生态文明研究智库常务副理事长潘家华研究员；团队成员为中国社会科学院城市发展与环境研究所庄贵阳研究员、李萌副研究员、娄伟副研究员和笔者本人。本书写作过程中，广泛听取了他们的意见，吸收和采纳了他们长期以来对生态文明建设研究的一些成果。

应笔者要求，十八届中央委员、时任中国社会科学院院长、党组书记、中国社会科学院大学校长王伟光教授和中国社会科学院潘家华研究员，欣然为本书作序。

笔者谨向王伟光教授、潘家华研究员并上述团队成员表示由衷敬意和感谢。

在本书将要出版前夕，中央党校赵建军教授，中国社会科学院城环所刘治彦研究员、李国庆研究员等提出相关建议。此外，黄彩霞副教授，青年本硕学生陈德武、沈维萍、黄蕊蕊、藺阿荣等参与了校稿。在出版过程中，人民出版社鲁静编审、刘伟编辑等相关负责同志提出了宝贵意见，付出了辛勤劳作。在此一并致谢。

黄承梁

2018年3月

责任编辑：刘　伟
责任校对：吕　飞

图书在版编目（CIP）数据

新时代生态文明建设思想概论 / 黄承梁 著．— 北京：人民出版社，2018.6
ISBN 978 – 7 – 01 – 019304 – 5

I. ①新…　II. ①黄…　III. ①生态环境建设 – 研究 – 中国　IV. ① X321.2

中国版本图书馆 CIP 数据核字（2018）第 085708 号

新时代生态文明建设思想概论

XINSHIDAI SHENGTAI WENMING JIANSHE SIXIANG GAILUN

黄承梁　著

人民出版社 出版发行
（100706　北京市东城区隆福寺街 99 号）

北京中科印刷有限公司印刷　新华书店经销

2018 年 6 月第 1 版　2018 年 6 月北京第 1 次印刷
开本：710 毫米 ×1000 毫米 1/16　印张：18.75
字数：166 千字

ISBN 978 – 7 – 01 – 019304 – 5　定价：69.00 元

邮购地址 100706　北京市东城区隆福寺街 99 号
人民东方图书销售中心　电话（010）65250042　65289539